U0353512

种子是生命的“超级时间胶囊”。

大人のフィールド図鑑 原寸で楽しむ 身近な木の実・タネ 図鑑＆採集ガイド

果实种子观察手册

[日] 多田多惠子——著 吴巧雪——译

北京时代华文书局

果实
种子
图鉴
动物的食物 红色果实
牛奶子
82 页
日本南五味子
123 页
青木
85 页
枸杞
103 页
莢蒾
139 页
朴树
26 页
皱叶木兰
28 页
具柄冬青
69 页
铁冬青
69 页
山桐子
83 页
草珊瑚
42 页
栀子
101 页

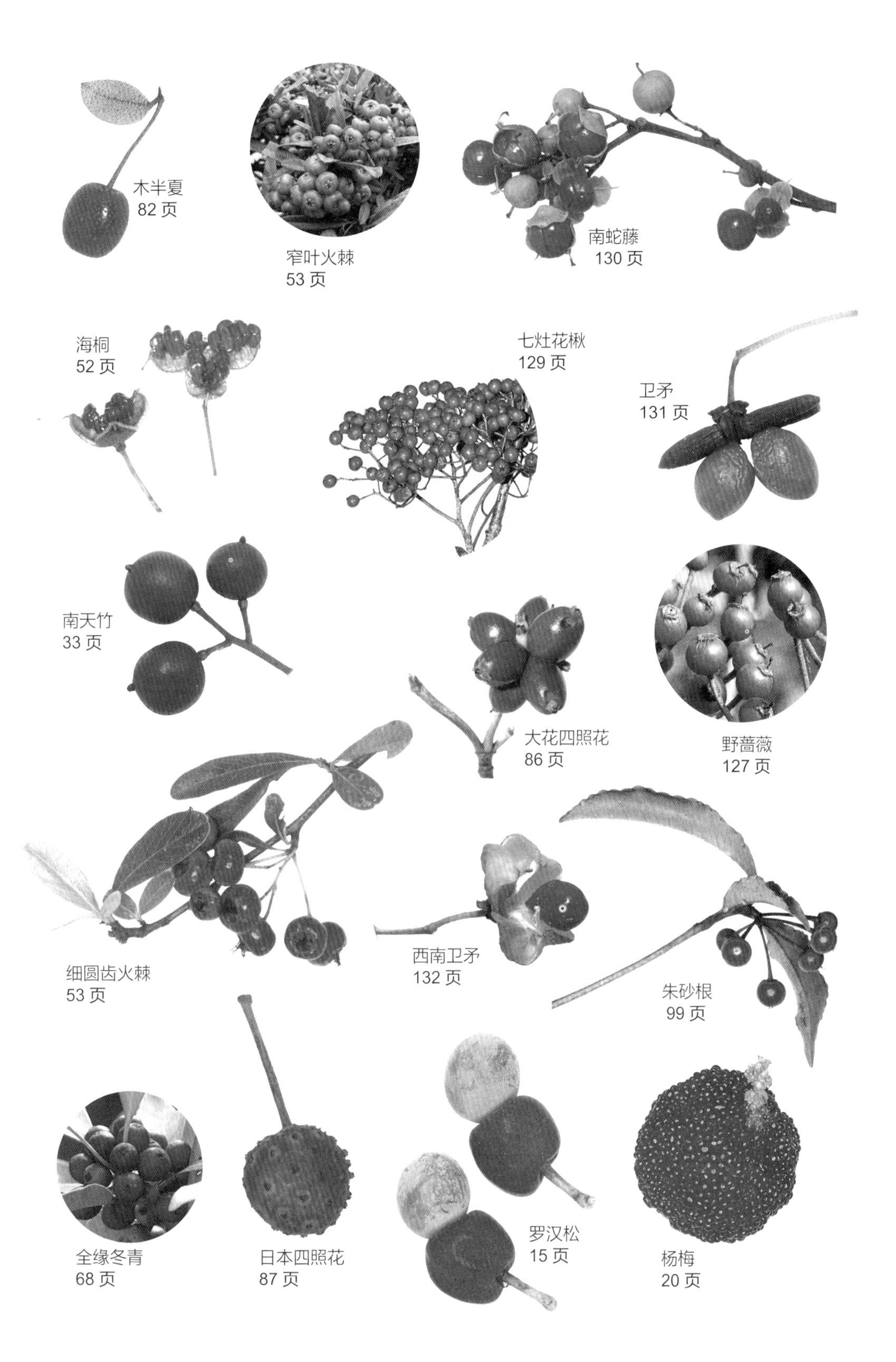
木半夏
82 页
窄叶火棘
53 页
南蛇藤
130 页
海桐
52 页
七灶花楸
129 页
卫矛
131 页
南天竹
33 页
大花四照花
86 页
野蔷薇
127 页
细圆齿火棘
53 页
西南卫矛
132 页
朱砂根
99 页
全缘冬青
68 页
日本四照花
87 页
罗汉松
15 页
杨梅
20 页

动物的食物 紫色果实

海州常山
137 页
野鸦椿
133 页
珊瑚树
106 页
日本花椒
150 页
桑树
118 页
鸡桑
118 页
垂序商陆
146 页
天仙果
117 页
樟树
30 页
棕榈
107 页
女贞
100 页
日本女贞
100 页

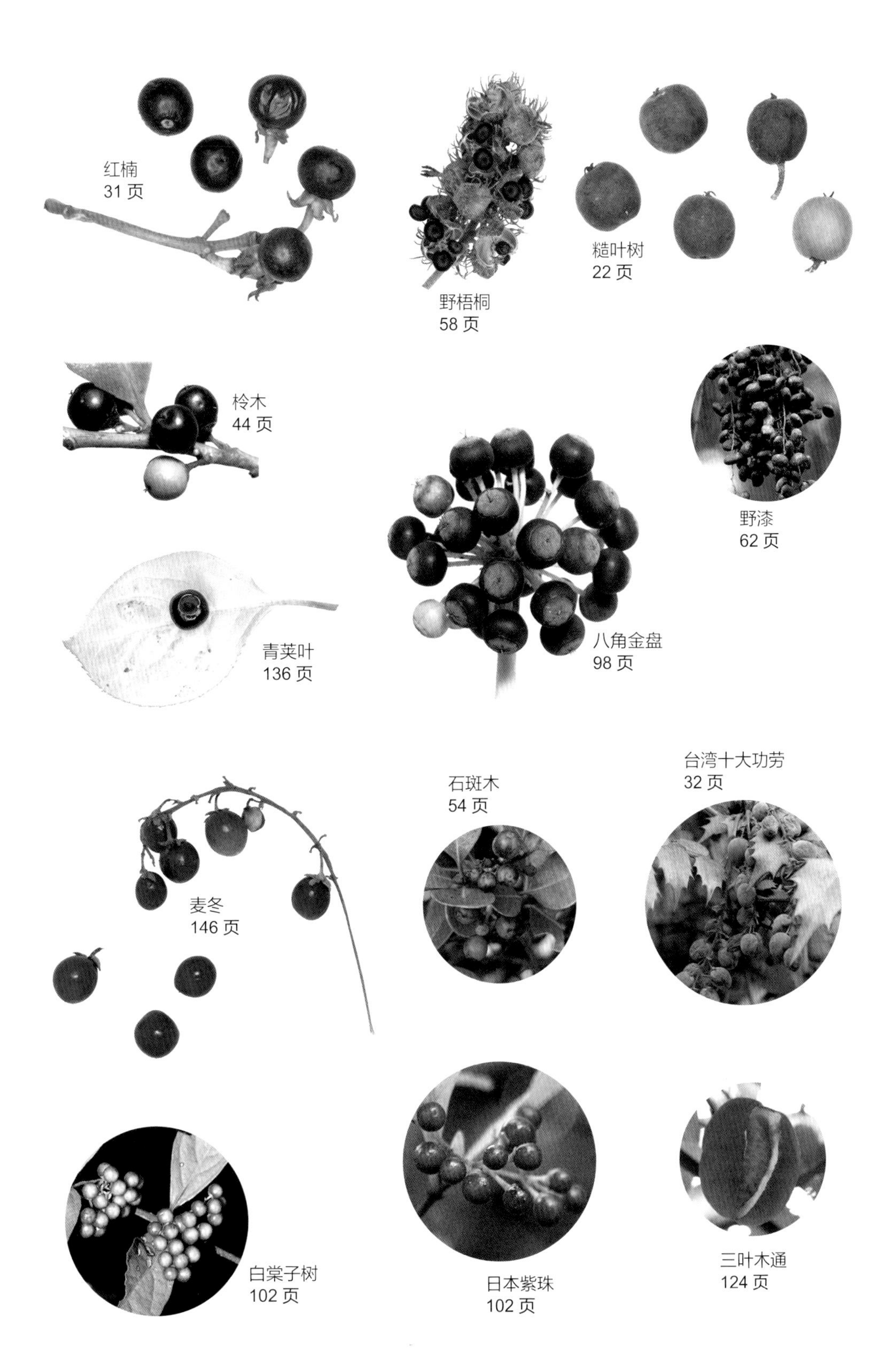
红楠
31 页
野梧桐
58 页
糙叶树
22 页
柃木
44 页
野漆
62 页
八角金盘
98 页
青荚叶
136 页
石斑木
54 页
台湾十大功劳
32 页
麦冬
146 页
白棠子树
102 页
日本紫珠
102 页
三叶木通
124 页

动物的食物 黄色果实

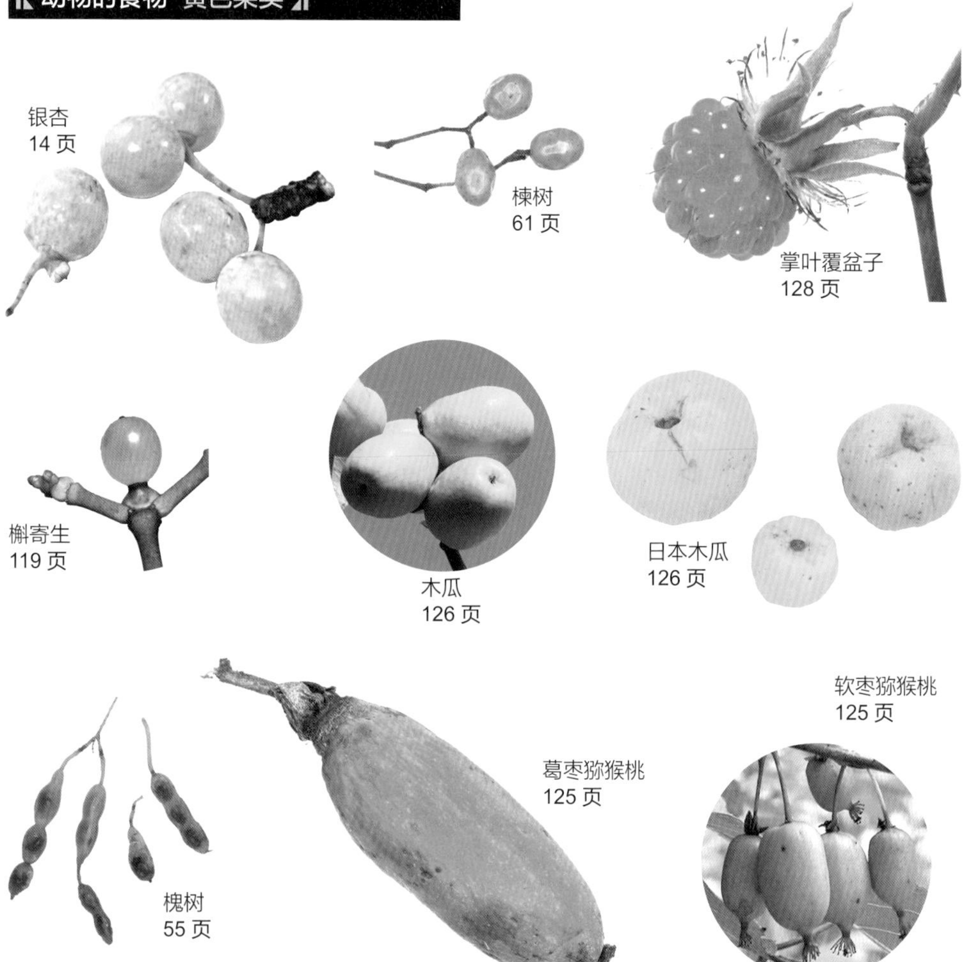

迸裂的种子

东北堇菜
57 页

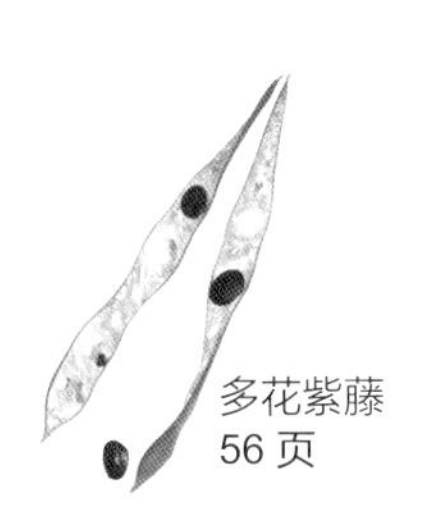
多花紫藤
56 页

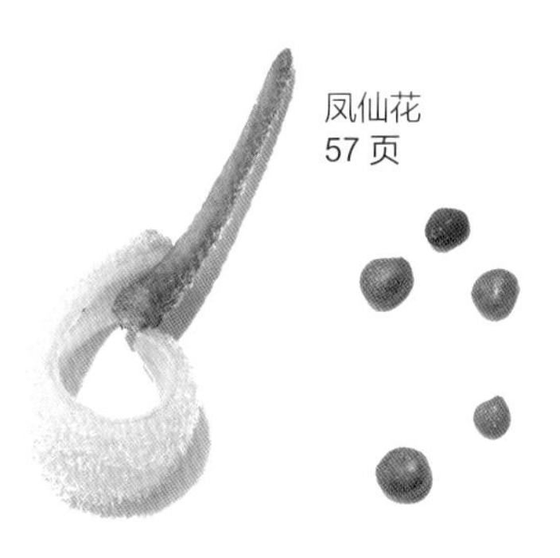
凤仙花
57 页

顺水漂流的种子

水黄皮
115 页
木榄
115 页
海檬树
153 页
单叶蔓荆
150 页
银叶树
114 页
莲
79 页
欧菱
115 页
榼藤
153 页

随风飘散的种子
鸡爪槭
63 页
昌化鹅耳枥
21 页
梧桐
70 页
三角槭
63 页
啤酒花
150 页
北美鹅掌楸
27 页
疏花鹅耳枥
21 页
榉树
45 页
省沽油
134 页
华东椴
64 页
菽莓槭
71 页
臭椿
60 页
枫香树
50 页
凌霄
71 页

二球悬铃木
46 页
北美枫香
50 页
南京椴
64 页
春榆
71 页
马醉木
49 页
米面蓊
120 页
温州双六道木
122 页
毛泡桐
104 页
大花六道木
122 页
白及
49 页
齿叶溲疏
48 页
紫薇
84 页
野菰
49 页
长荚罂粟
49 页

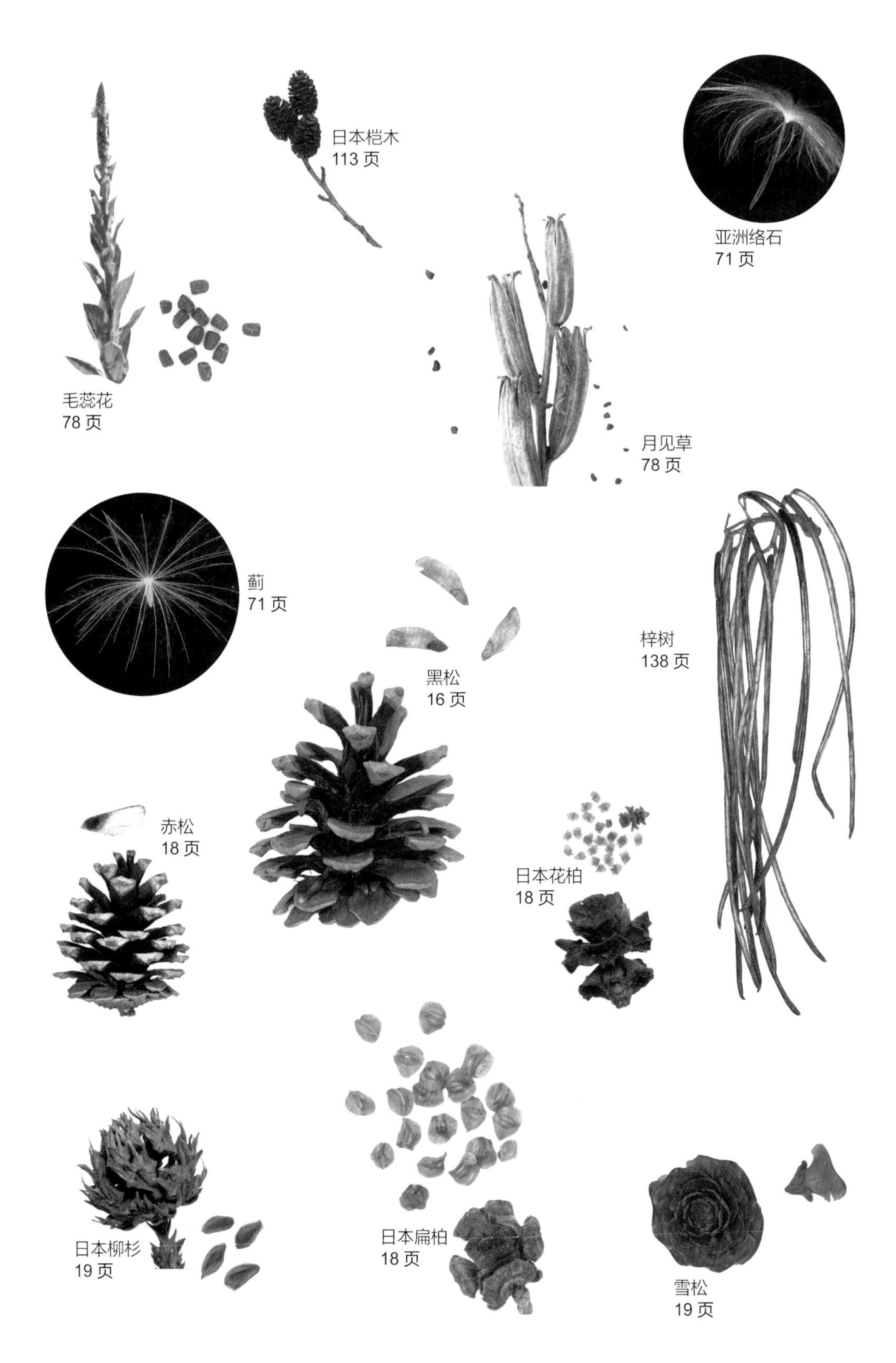
日本桤木
113 页
亚洲络石
71 页
毛蕊花
78 页
月见草
78 页
蓟
71 页
梓树
138 页
黑松
16 页
赤松
18 页
日本花柏
18 页
日本柳杉
19 页
日本扁柏
18 页
雪松
19 页

《动物的食物 色彩朴素的果实》

《动物的食物 坚果》

山茶
43 页

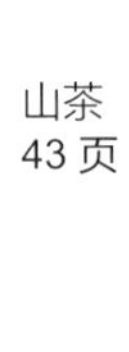

扁桃
151 页

胡桃楸
112 页

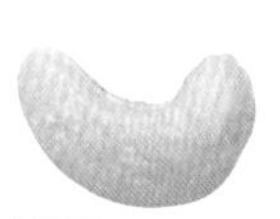

腰果
151 页

欧榛（榛子）
151 页

美国山核桃（碧根果）
151 页

落花生（花生）
151 页

绒毛山核桃
152 页

澳洲坚果（夏威夷果）
151 页

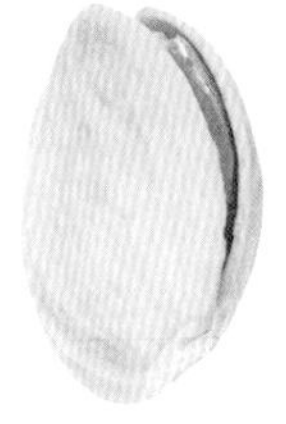

阿月浑子（开心果）
151 页

青冈
25 页

槲树
25 页

乌冈栎
24 页

赤栎
24 页

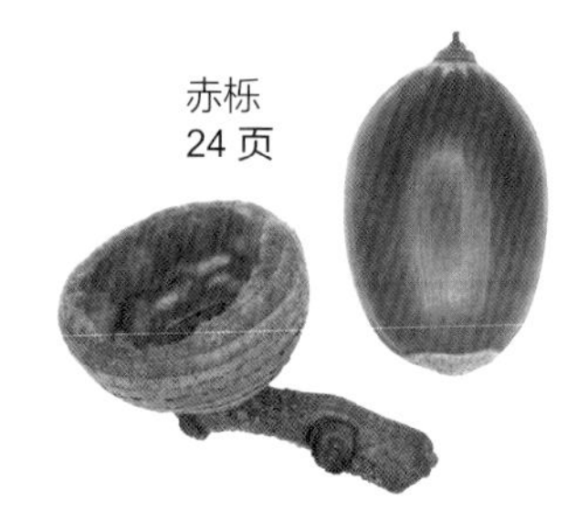

麻栎
23 页

冲绳白背栎
25 页

枹栎
25 页

槲栎
24 页

圆齿水青冈
89 页

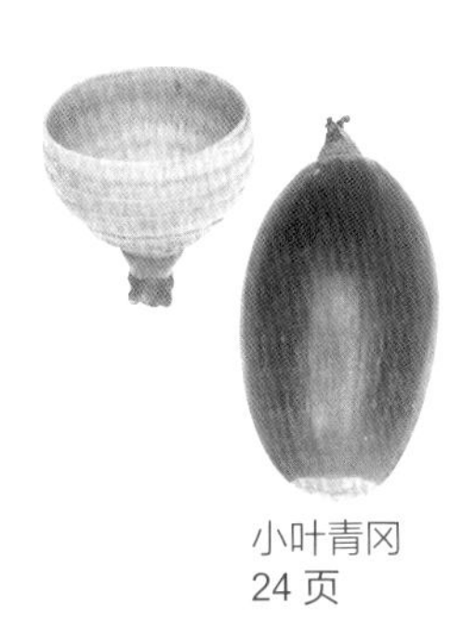

小叶青冈
24 页

夏栎
153 页

长果锥
25 页

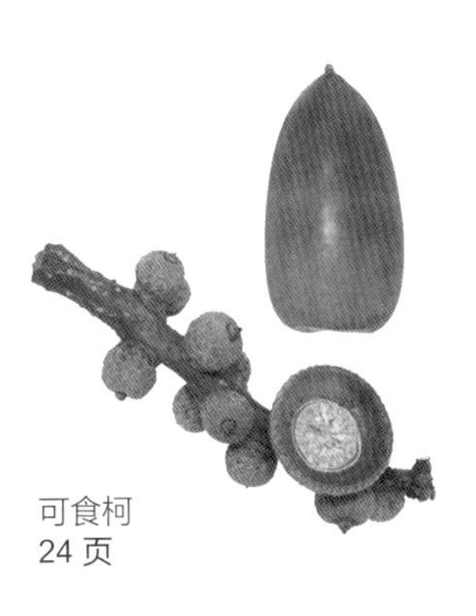

可食柯
24 页

蒙古栎
10 页

擅长黏附的果实、种子

鬼针草
147 页

牛膝
147 页

龙牙草
147 页

日本路边青
147 页

狼耙草
147 页

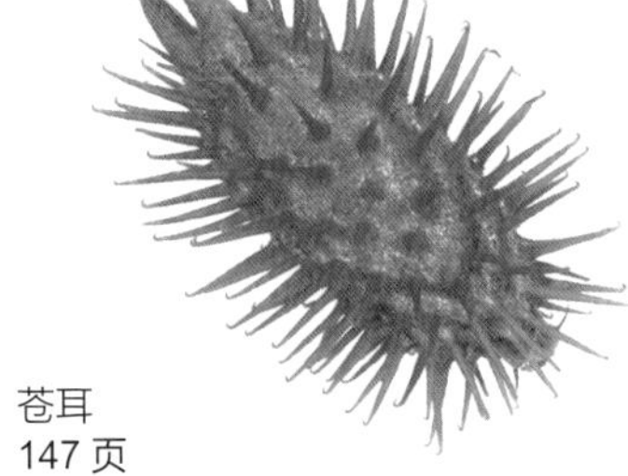

苍耳
147 页

金线草
147 页

狼尾草
147 页

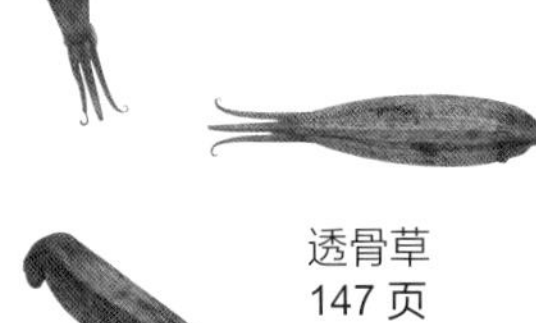

透骨草
147 页

世界各地的果实、种子

红木
143 页

火龙果
152 页

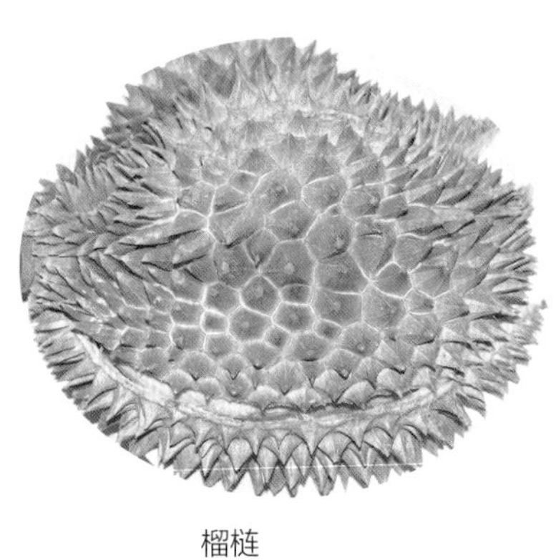

榴莲
153 页

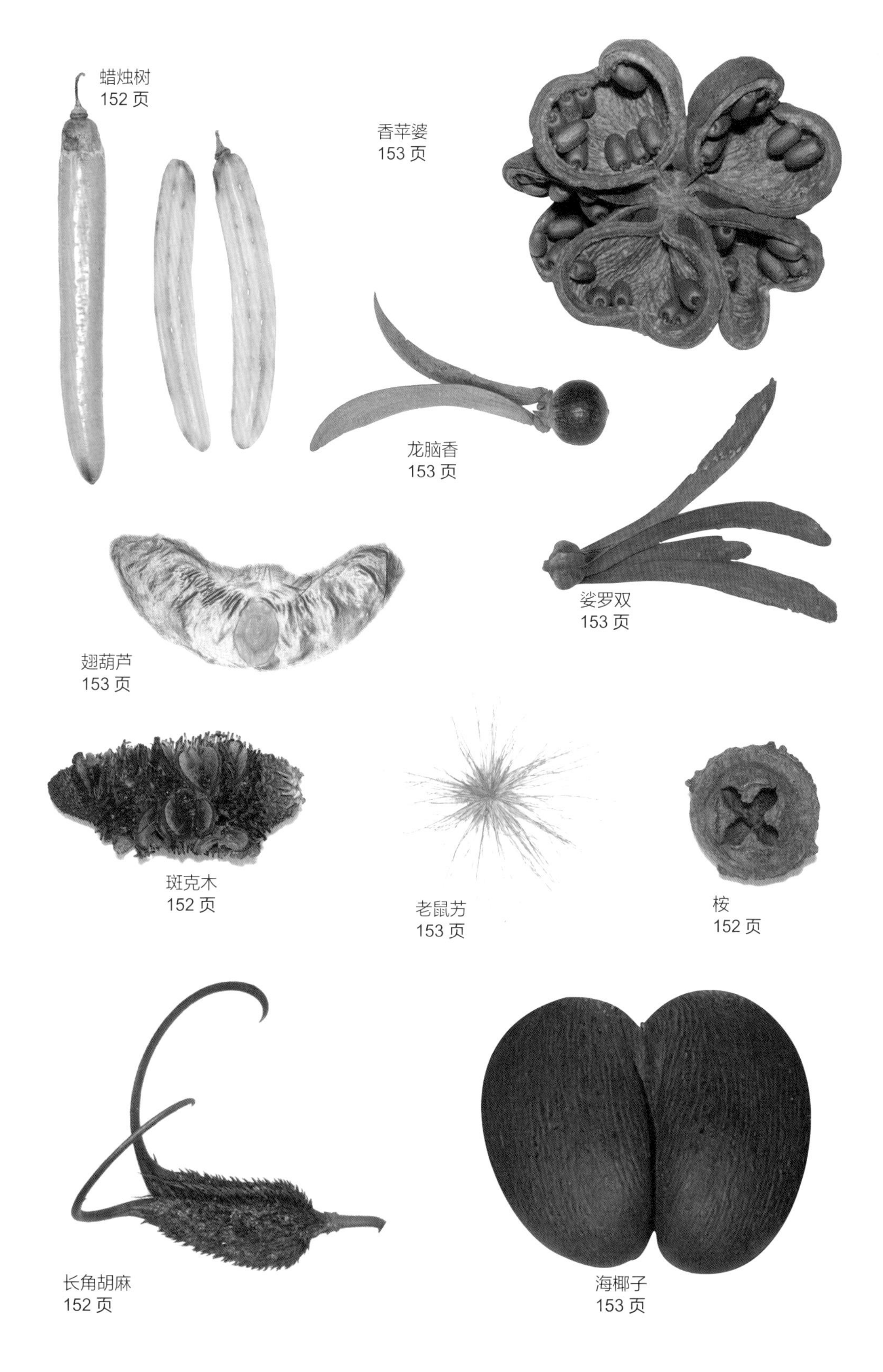
蜡烛树
152 页
香苹婆
153 页
龙脑香
153 页
娑罗双
153 页
翅葫芦
153 页
斑克木
152 页
老鼠艻
153 页
桉
152 页
长角胡麻
152 页
海椰子
153 页

目 录

第2章
大自然中的树木果实、种子

第3章 果实、种子的各种用途

0
1
2
3
4
5
6
7
8
9
10
11
12
13
14
15
16
17
18
19
20cm

专栏

如何使用本书

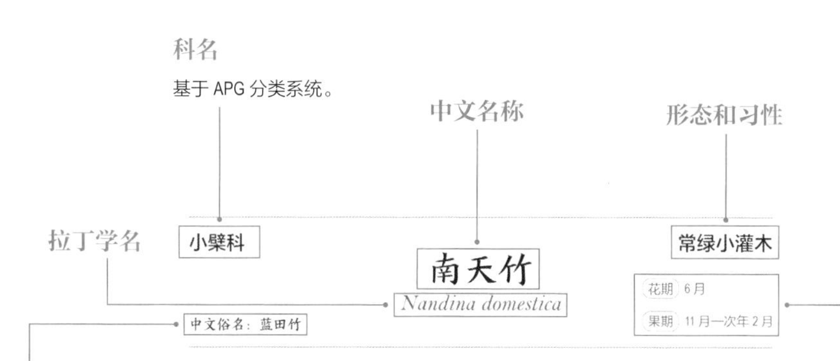

开花的时期和结果的时期

中文俗名

在中国的常用别名，主要参考“植物智”与“中国自然标本馆”网站。

果实的图示

此处为作者拍摄的果实照片，展示果实挂在枝上的形态。

冬季堆雪兔时，我和家人喜欢用南天竹的果和叶来充当雪兔的红眼睛和耳朵。

南天竹原产于中国，据说很久以前就被引种至日本。南天竹的日文名寓意“消灾解厄”，因此人们常将其种植在家门口，用以驱邪消灾。南天竹全株可药用，果实能用于止咳，但直接食用会中毒。鸟类也是每次吃一点点，然后将种子散播到各处。

植物的特征

此处从植物的生境、分布、外观特征、用途等方面进行解说。

靠动物传播种子

实际大小

果实直径为 6~9 毫米。顶端的凸起为宿存柱头。单果含 1~2 粒黄色种子，种子呈半球状，略微变形，表皮多凹陷。果肉苦涩，带有毒性。栗耳短脚鹎会吃下部分果实后飞离，一段时间后再返回吃余下的部分。制造毒素也是植物为广泛传播种子而采取的生存策略之一。

果实、种子的细节特征

此处提供图示，展示果实、种子的整体结构、剖面，并从大小、外形、质地、传播方式等方面进行解说。

南天竹的花朵在梅雨时节开放，直径为 6~7 毫米。6 枚白花瓣和黄色雄蕊脱落，留下酒壶状的雌蕊，到了秋天就会长成滚圆的红果。

花的细节特征

此处提供图示，对比展示雌花与雄花的样子，从花的形态特征、开放时间等方面进行解说。

33

常见地点

实际大小 此标志表示照片与实物大小一致。

* 部分果实、种子的照片与实物大小不一致，已提供相应比例尺。
* 本书的花期和果期遵循原版标注，在中国各地实际情况差异较大，故仅具有参考意义。

序章

奇妙有趣的果实、种子

1 认识树木的果实

花的结构

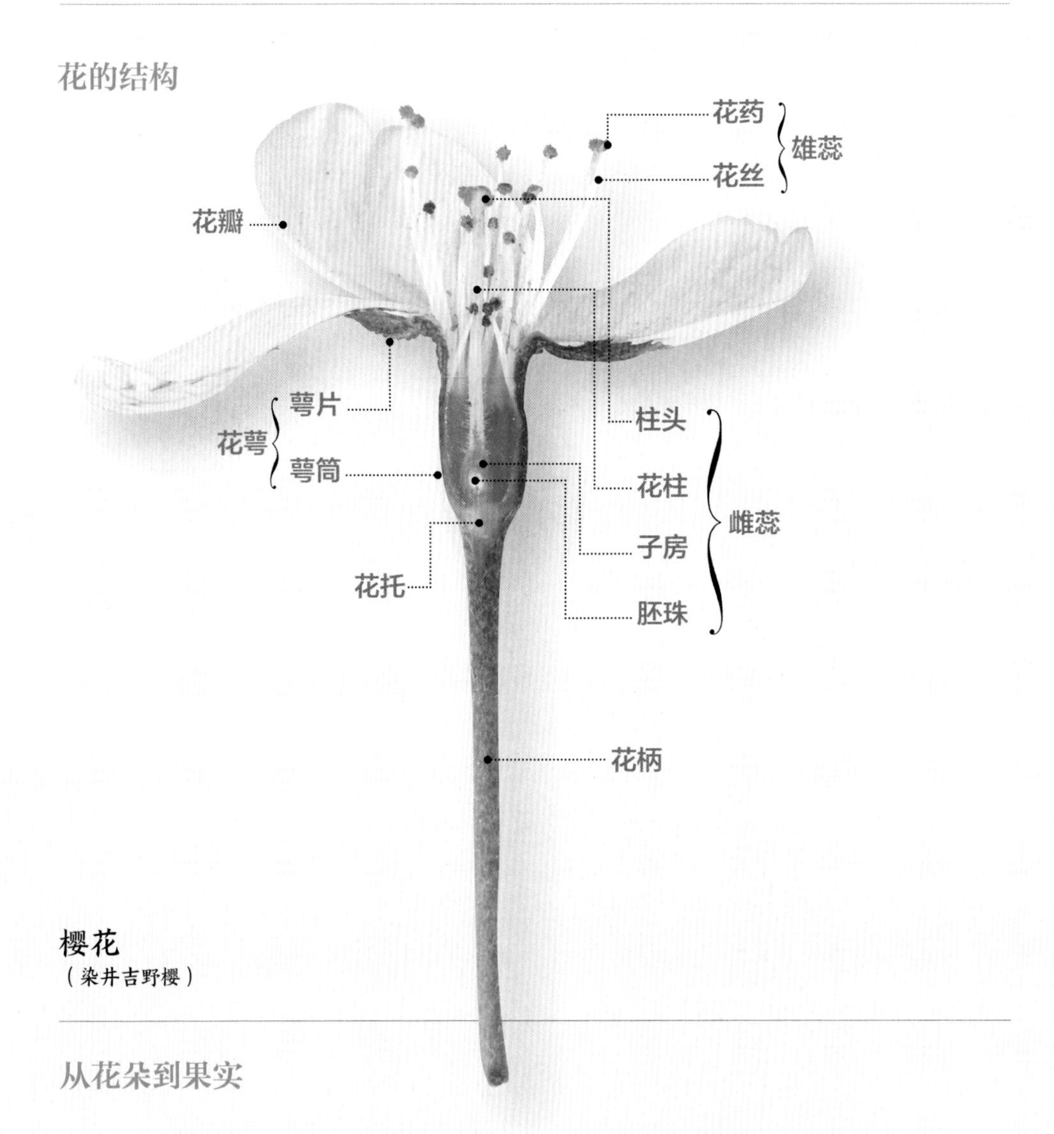

樱花
（染井吉野樱）

从花朵到果实

⊙植物为何会开花呢？开花的目的是结出果实、孕育种子。

⊙花粉附着到雌蕊的柱头（即授粉），随后会萌发出一根细长的管子（花粉管）。花粉管延伸穿过雌蕊的花柱，抵达位于子房的胚珠。精细胞（相当于动物的精子）在花粉管中游动，进入胚珠，与卵细胞结合。这就是受精的过程。受精后，通常胚珠发育成种子，子房发育成果实。

2 观察树木的果实

果实的结构

⊙在生活中，我们会食用许多种树木的果实。然而，我们吃下的不仅仅是子房发育而来的果实或种子。实际上，果实的可食部位形式多样，有的是发育变形的花萼，有的则原本是花托。

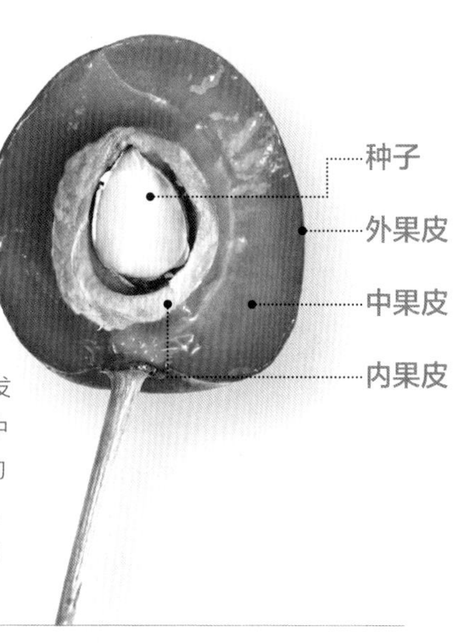

樱桃……真果（核果）

花谢后，子房发育膨大。子房外侧的子房壁发育成果皮。果皮分为三层：外果皮为红色表皮，中果皮为果肉，内果皮为果核的外壳。樱桃和桃的果核包括种子（核仁）和内果皮（外壳）两部分，而它们的内果皮相当坚硬，因此即使果核被动物吃了，也很难被消化掉。

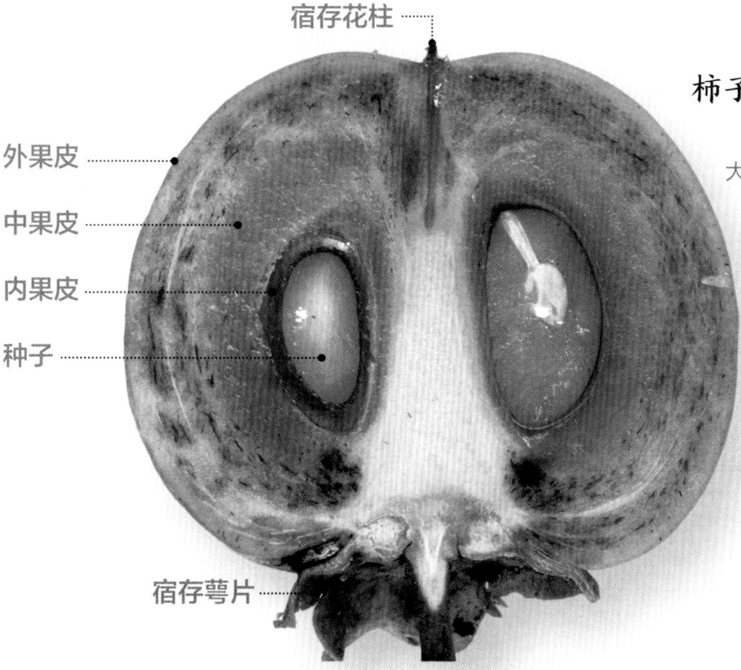

宿存花柱

外果皮

中果皮

内果皮

种子

宿存萼片

柿子……真果（浆果）

花谢后，子房发育膨大。果蒂即宿存花萼。外果皮是外表皮，中果皮是果肉。内果皮是种子表面半透明的物质，可以让种子变得滑溜溜的，从而逃过野兽们的利齿。

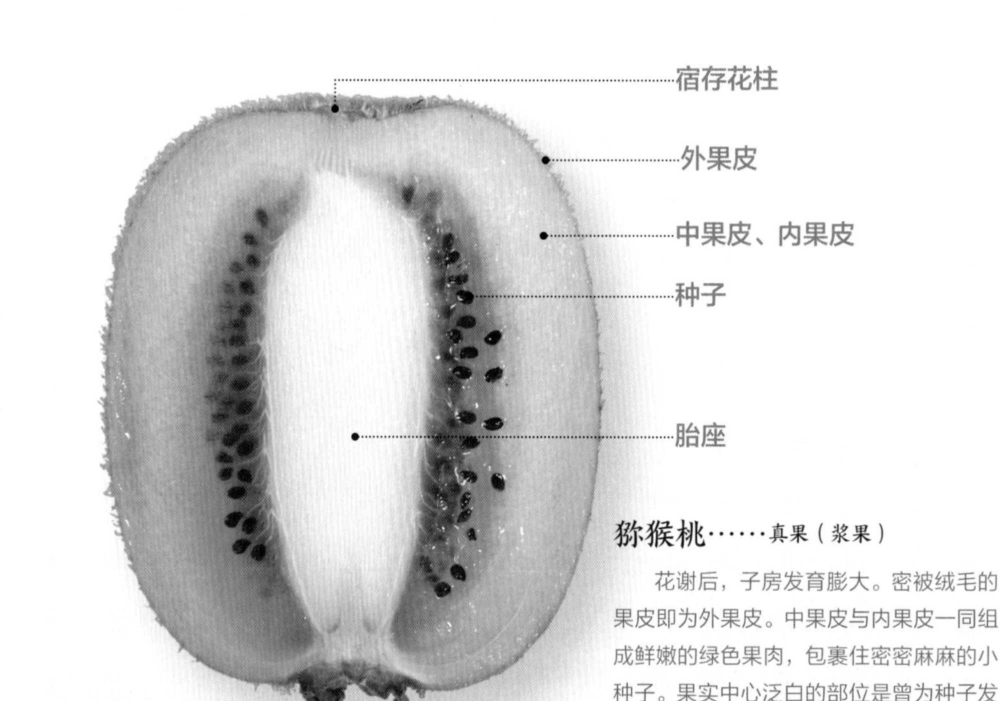

猕猴桃……真果（浆果）

花谢后，子房发育膨大。密被绒毛的果皮即为外果皮。中果皮与内果皮一同组成鲜嫩的绿色果肉，包裹住密密麻麻的小种子。果实中心泛白的部位是曾为种子发育输送营养的宿存胎座。只要观察便会发现，有许多纤细的维管束（输送水分和营养的管状组织）延伸到了种子。

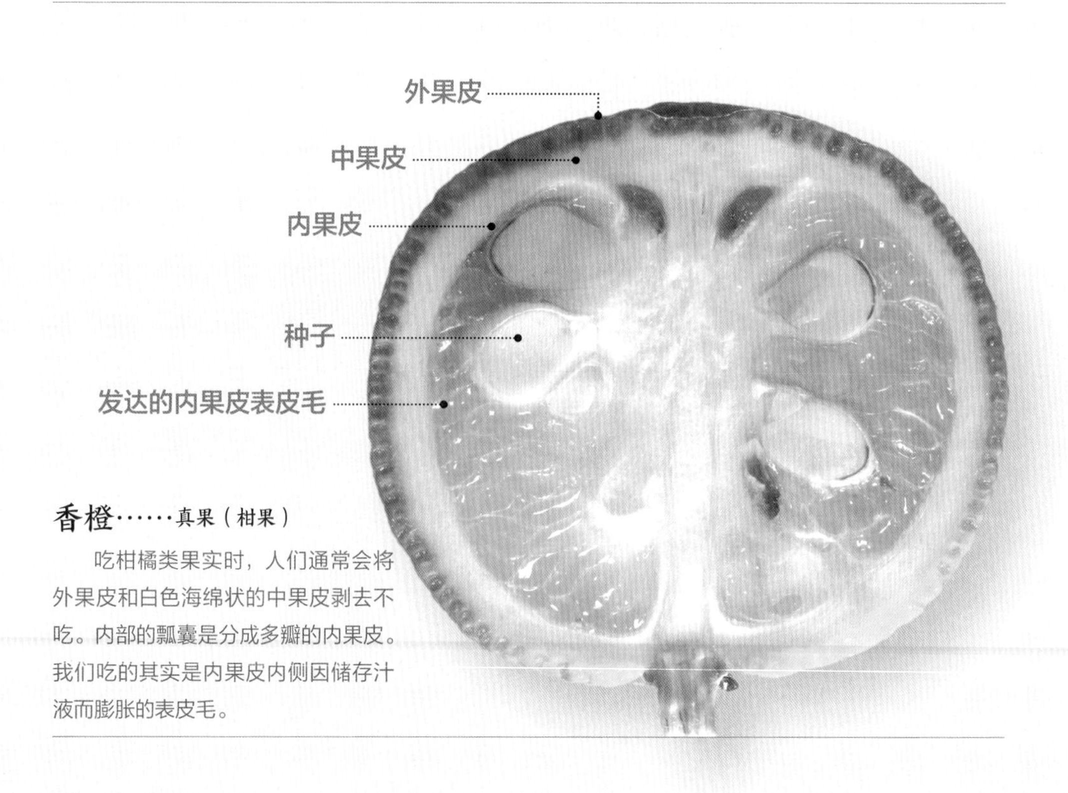

香橙……真果（柑果）

吃柑橘类果实时，人们通常会将外果皮和白色海绵状的中果皮剥去不吃。内部的瓢囊是分成多瓣的内果皮。我们吃的其实是内果皮内侧因储存汁液而膨胀的表皮毛。

苹果……假果（梨果）

苹果和梨并不是单纯由子房发育而来的真果，而是由包裹多个子房的花托（花的基部）和子房共同发育形成的假果。只有人们常说的果芯，才是子房孕育而来的。而果柄底部的凹陷处，还可见宿存的萼片和雌蕊花柱。而花托发育形成的部位称为果托，也就是我们食用的果肉。

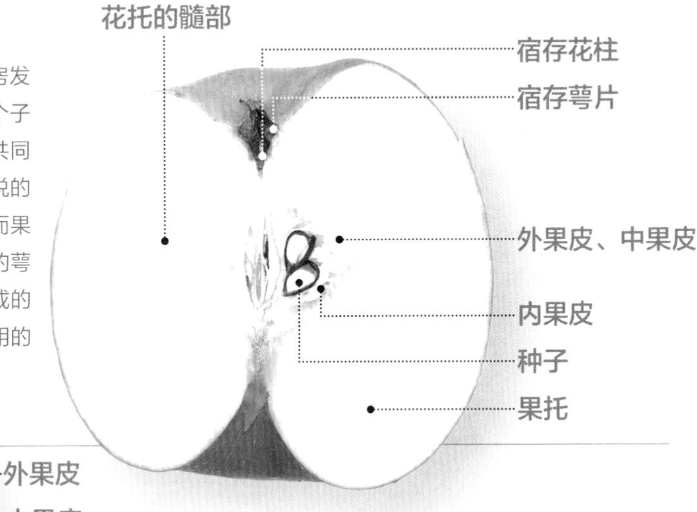

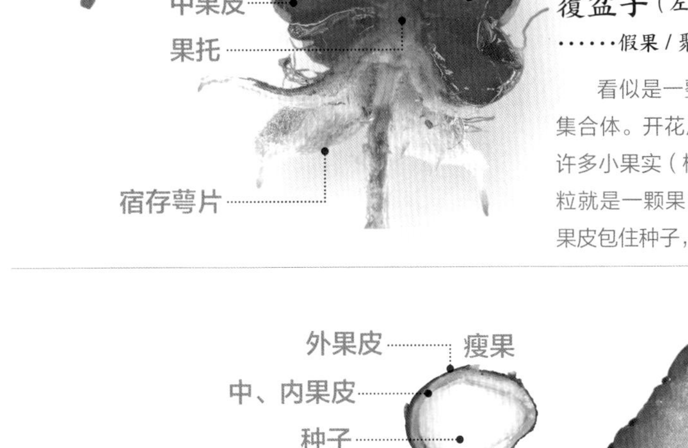

覆盆子（左）、茅莓（右）……假果/聚合果（聚合核果）

看似是一整颗果实，实则是很多果实的集合体。开花后，花托逐渐膨大，其上聚生许多小果实（核果），形成聚合果。每个小颗粒就是一颗果，中果皮化为液质，坚硬的内果皮包住种子，形成果核。

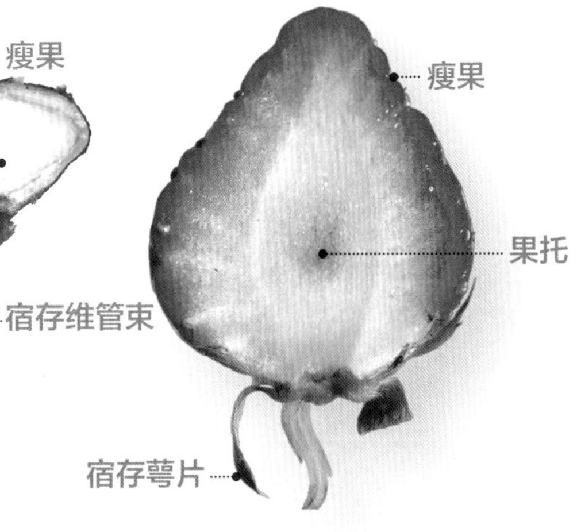

草莓……假果/聚合果（聚合瘦果）

果蒂即宿存花萼。可食部位是由花托发育形成的果肉，而上面的点状小颗粒才是子房发育而成的真果。其本质是一种瘦果，果皮薄且硬，紧贴在种子表面，食用后并不会被动物消化，而是被直接排出体外。

桑葚……假果 / 聚花果

果实虽形如覆盆子，但本质是聚花果，即由整个花序（花的集合体）而非单花发育而来。其可食部位并非子房，而是花萼膨大形成的果肉，因此属假果。果实上的须状凸起是宿存的雌蕊花柱。

无花果……假果 / 聚花果（隐头果）

支撑花序的花序轴发育膨大长成壶状，将聚集在一起的小果实裹得严严实实。里面的每一个小颗粒就是一颗果实，且内含一粒种子。可食部位是支撑各小果实的整个基座部分（果序托）。

果皮
种皮
种子（子叶）
壳斗

板栗……真果（坚果）

橡子的橡椀是由苞片（长在花或果上的特化叶）木质化而成，称为“壳斗”。板栗和橡子很相似，其壳斗带刺，内含3颗果实。果皮厚且硬，紧贴种子。具有这些特征的果实被称为“坚果”。板栗的可食部位是储存养分的子叶，板栗仁外面那层粗糙的薄皮就是种皮。

3 种子的结构

种子的种类

⊙种子不仅能代替无法行走的植物实现种群迁移，甚至还能在休眠状态下跨越时间和季节，真可谓“超级时间胶囊”。种子内有携带大量遗传信息的胚，以及供其生长发育的营养成分。一般来说，胚乳中储存淀粉，而子叶中储存脂肪。

有胚乳的种子

柿子

右图为种子的纵切面，主要由胚乳构成。

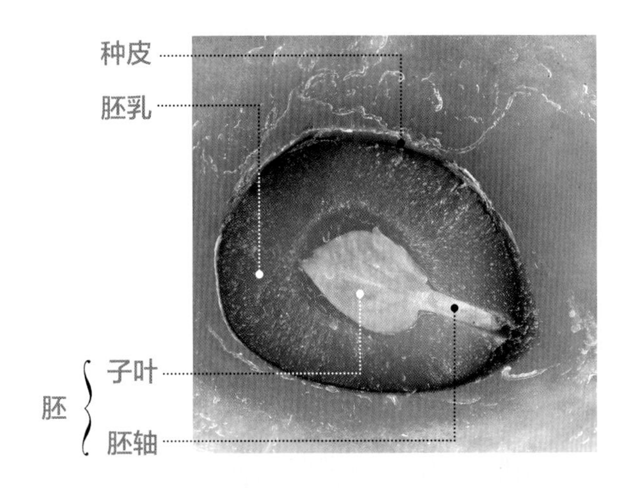

无胚乳的种子

落花生（花生）

右图为带壳果实的剖面，左侧种子可见子叶，即可食部位。

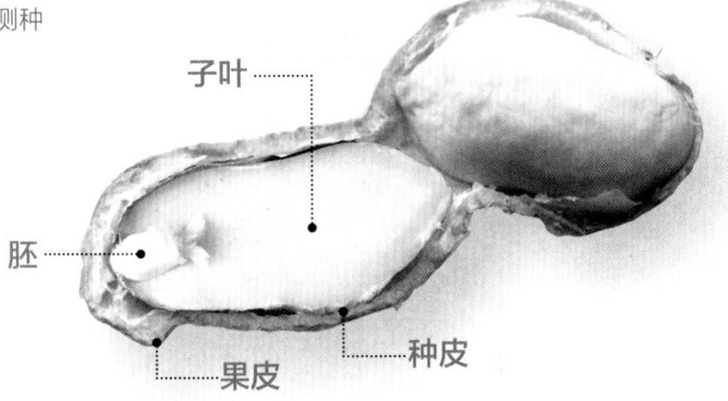

谁吃了臭熏熏的“果实”

银杏果之谜

秋季是吃银杏果（即白果）[1]的好时节。

银杏为雌雄异株，银杏果生于雌株。捡拾银杏果时，我们会发现其身披一层黄色外皮，散发着一股臭味。

这层外皮不仅气味难闻，而且含致敏物质，一旦沾上皮肤，便会引发皮炎。若徒手捡拾或清洗了银杏果，那可就大事不妙了。且不说手和脸会红肿，若情况严重，甚至连手接触过的身体部位也会红肿。据说在秋季，因过敏问题就医的人不在少数，尤其是男性。

银杏果

①我们常说的银杏果（白果）其实是银杏的种子。

银杏果（种子）的形状和结构有点像樱桃，外面有厚实的果肉（外种皮），里面有一个硬核（中种皮）。可以肯定，具有此特征的果实是通过动物的采食来传播种子的。可是，如此臭的银杏果，谁会吃呢？

通过粪便分析我们才知道，貉和乌鸦会吃银杏果。不过，它们也并不是特意寻找银杏果来食用。

银杏本为一种原始裸子植物，自距今 1 亿多年前的中生代侏罗纪至白垩纪（恐龙时代）以来，其外观基本未变，被称为“活化石”。在那连哺乳类和鸟类均尚未出现的远古时代，到底是哪种动物在吃它的“果实”呢？

没错，是恐龙。一些科学家认为，白垩纪时期，在银杏树下吃下银杏果并运输的，极有可能是小型草食恐龙。那强烈的臭味对这种恐龙而言，或许是充满诱惑的香味。可是，后来恐龙灭绝了，失去搭档的银杏也逐渐衰落了……

目前尚无直接证据能验证这一推论。但在将来，人类也许会在恐龙化石的腹部区域，或在粪便化石中发现银杏果的化石，这着实令人期待，不是吗？

可是，问题又来了，恐龙吃了带皮的银杏“臭果”不会过敏吗？

果树为何会有“大小年”

在生活中，我们会发现很多果树并非每年都硕果累累。在一些年份，就跟事先商量好了似的，某片地区的树木几乎均未结果。遇到这种歉收之年，在秋季通过饱食橡子来储能过冬的熊，便会因食物短缺而造访人类的村庄。

果树为何会存在多产的“大年”和少产的“小年”呢?

影响树木结实率的首要因素是天气。植物的光合作用、开花、发芽、结果，与降水量、气温和日照时间均密切相关。

此外，树木的营养状况也是影响因素。大丰收的次年，果树树势变弱，将难以开花结果。那么只要不过度消耗营养，每年适量结

蒙古栎的橡子。比枹栎的橡子要大一圈。它是山里的熊和松鼠等动物的重要食物来源。

圆齿水青冈在枝头结果，幼果身披毛茸茸的“外衣”。

“大年”的圆齿水青冈。在多产的这一年，橡子掉得满地都是。

果，就行得通了吧？但事实并非如此。这又是为何？

有一种说法是，植物是为了应对以种子为食的昆虫和动物，而有意制造出了“大小年”。若每年产量一致，食物供给稳定，那么这些昆虫和动物的数量自然也会增多，导致当年果实近乎被全部吃光。不过，只要某一年歉收，它们就会受食物短缺的影响而数量减少，在接下来的一年，大量果实得以保留，种子便可顺利发芽存活。

自然界中生物之间的关系十分复杂、深奥，关于“大小年”的机制原理，至今仍存在许多未解之谜。

第 1 章

街头常见的树木果实、种子

银杏科

落叶乔木

银杏

Ginkgo biloba

中文俗名：鸭掌树、鸭脚子、公孙树、白果

花期 4—5月

果期 11月

银杏果常作各式菜肴的配料。秋季时分，外覆松软黄色种皮的银杏果掉落在地上，散发着奇怪的臭味。除食用和药用外，银杏也可栽作行道树。过去，人们一直认为银杏是因人工栽培才存活下来的“野外灭绝”物种，直到在中国发现了野生银杏的踪迹，人们才改变了看法。自恐龙时代以来，银杏的外形就未发生较大改变，因此被称为“活化石”，不论是叶形还是受精机制都十分独特。

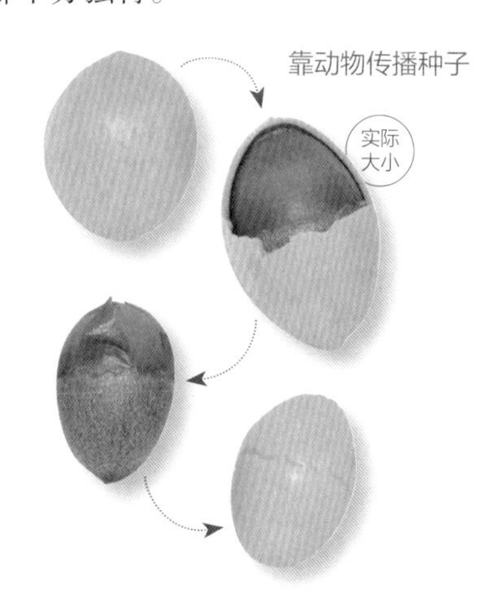

银杏的雄球花（左）和雌球花（右）。

银杏是雌雄异株（即雌球花和雄球花分别长在不同植株上），雄球花的花粉随风飘落到雌球花上，半年后转化为带鞭毛的精细胞，然后进入雌球花，与卵细胞结合。这一世界性的发现，是由日本科学家平濑作五郎在1896年提出的。

去除松软外皮的带壳银杏果长约2厘米。银杏果是种子而非果实，发臭的肉质外皮（请不要徒手触碰，会导致皮肤发炎红肿）和硬壳均为种皮的一部分。在中生代，银杏迎来鼎盛期，当时可能是由恐龙吃下并传播种子的。

罗汉松科　　　　常绿乔木

罗汉松

Podocarpus macrophyllus

中文俗名：土杉、罗汉杉

花期 5—6 月

果期 9—10 月

罗汉松，别名“罗汉杉”，其原产地一说为中国，一说为日本，常栽培于庭园作观赏树和绿篱。罗汉松有雌株和雄株，雌株在秋季结果，其果实犹如甜美可口的“双色丸子串”，着实令人赞叹！位于顶端的“绿色丸子”是种子，质地坚硬，不可食用；下方红色或紫黑色的部分呈半透明状，甜软可口，简直是天然“果冻”！

肉质种托在未成熟时呈绿色，随着逐渐成熟，甜度增大，颜色变成黄色，再由黄变红，最后变成紫黑色。这是罗汉松的生存策略，即利用醒目的紫黑色种托，吸引鸟类助其传播种子。但事实证明，其种子最终大多直接掉到了地上。有些种子直接在树上或地面生根发芽，看来肉质种托亦能为种子的发育提供水分。箭头所指为种子的剖面图。

罗汉松的雄球花（左）形状与同为裸子植物的银杏极为相似。雌球花（右）顶端的球状结构（胚珠）将来发育成种子，其基部（花托）逐渐膨胀成圆润的肉质种托。

松科　　常绿乔木

黑松

Pinus thunbergii

中文俗名：日本黑松

花期 4—5月

果期 次年10月

松树为裸子植物，以名为“球果”（我们常说的“松球”或“松果”）的独特生殖器官来代替果实孕育种子。其种子成对地长在球果的片状种鳞上。球果成熟后，种鳞张开，种子便会旋转飘落而下。如何分辨赤松和黑松？树干偏黑，叶片粗长且硬，叶先端摸起来扎手的就是黑松。

开花后，球果经一年半左右成熟。图示为开花一年两个月后的未成熟球果。

靠风力传播种子

实际大小

黑松为雌雄异花同株。雌球花会一两个地在新芽顶端萌生，圆图所示即为雌球花。雄花则大量聚生于新芽基部，组成橘色花穗，通过风力传播花粉。

黑松枝头的球果成熟干燥后，种鳞张开，种子便会披着轻薄的种翅高速旋转着落下。球果长4~6厘米。种子长约6毫米，加上种翅的长度则约为2厘米。赤松与黑松的球果、种子高度相似，但前者尺寸稍小。

红豆杉科 **常绿乔木**

日本榧

Torreya nucifera

中文俗名：日本榧树、日榧

花期 5月

果期 次年9—10月

日本榧是原产于日本的针叶树。在日本，该树通常生长在山上，还可见于寺庙或公园；在中国，上海、江西庐山等地引种栽培，作庭园观赏树。日本榧为雌雄异株。雌株孕育厚皮果实（即植物学上的种子），俗称“榧子”。榧子在过去属珍贵食材，可用于榨油，或翻炒制成零食。它的叶片先端凸尖，触碰会有刺痛感，外观特征与日本粗榧相似，但后者触碰叶尖无痛感。

靠动物传播种子

实际大小

日本榧的雄球花，与日本柳杉有共通点，两者均以风为媒介散播花粉，摇晃它的树枝会散落大量花粉。雌球花为绿色，不显眼。

秋季，种子成熟后，其表面绿色的假种皮会开裂，然后种子纷纷掉落到地面上。有着棕色硬壳的种子虽带有一丝异味，但富含油脂，吃起来非常美味。在山林中，松鼠、老鼠和杂色山雀会将种子作为冬粮运走并埋藏，其中一部分种子被它们遗忘在土里，从而发芽。这是日本榧和森林动物之间持续了数千万年的合作关系。

山、公园、寺庙、庭园

松果家族

日本花柏

球果着生于枝顶，体积很小，直径仅为 7 毫米。

种子两侧生有宽翅，借助风力传播。

赤松

赤松的球果也会在干燥时张开种鳞，潮湿时闭合种鳞。

虽比黑松球果小一圈，但两者外形十分相近，不看叶片和树干很难区分。

日本扁柏

球果直径 1.2 厘米，比日本花柏的大一圈。

种鳞闭合时形似足球。

日本柳杉

球果直径 2 厘米，和叶片一样都带刺。球果的先端时有新枝萌发。

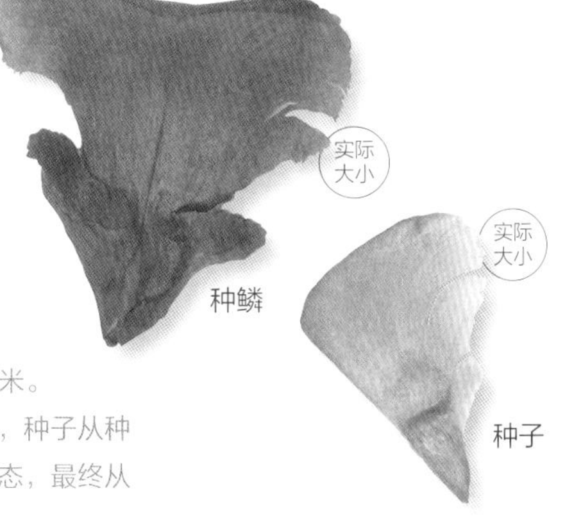

雪松

球果长度超过 10 厘米，宽度超过 8 厘米。

一旦成熟，球果便会在树上自然解体，种子从种鳞上脱落，仅剩顶部仍维持玫瑰花状的形态，最终从树上掉落。

杨梅科 **常绿乔木**

杨梅

Morella rubra

中文俗名：山杨梅、朱红、珠蓉

花期 3—4 月

果期 6—7 月

杨梅是一种分布于温暖地带的常绿树，常见于公园、路旁，亦可作果树栽培。虽名中带“梅”字，但其实与梅关系甚远，果实结构亦不相同。杨梅的果肉肥厚多汁，由种子外壳（果核）向外延伸的绒毛状物质发育而成。果实表面的粒状物就是绒毛的顶部结构。杨梅本是猴子喜爱的水果，后来人类也抗拒不了其甘甜诱惑，从而采取人工栽培。

果实于梅雨时节（因地理影响，不同地区的入梅和出梅时间略有差异）成熟。野生种的直径为 1.5~2 厘米，栽培种的直径则可达 3 厘米。果肉虽甘甜可口，却难以与种子分离，诱使动物连同种子一并吞食。在山里，猴子会吃下杨梅的果实并散播种子，是杨梅主要的种子传播者。上图为果实的剖面图。

杨梅的花朵在早春时节绽放，分为雄株（左）和雌株（右），结构简单，雄花和雌花都没有花瓣及花萼。雌花非常不起眼。雄花聚生成穗状，随风散布大量花粉。

桦木科　　　　　　　　　　　　　　　　落叶乔木

疏花鹅耳枥

Carpinus laxiflora

中文俗名：无

花期 3—4 月

果期 10—11 月

在日本，该种可见于山上的杂木林和公园，日文名为“赤四手”，因其下垂的果穗（许多果实聚生而成的穗）让人联想起稻草编织的、悬挂在注连绳上的纸垂（日文名为“四手”，是日本神社常见的装饰物）而得名。

该种在中国未见分布。中国约有 40 种鹅耳枥，包括昌化鹅耳枥、普陀鹅耳枥、天台鹅耳枥等，其中普陀鹅耳枥为中国特有种。

夏末秋初，众多果穗垂生于枝顶。深秋时分，果实成熟干枯，变成褐色，经风一吹，便接连轻盈地飞舞而去。

1.5 厘米

深秋的果穗，由 10~30 个果实聚生而成，长 5~10 厘米。深裂的大苞片为果实提供使其旋转飞舞的翅膀。

春季，展叶期前，红色花穗（许多花朵聚生而成的穗）已经挂满枝头。雄花穗粗长，雌花穗短小。花期中，树木整体呈红色。

实际大小

昌化鹅耳枥的果穗。该种鹅耳枥可见于杂木林和公园。其果实比疏花鹅耳枥的果实要大一圈，生有许多短毛。苞片不分裂。春季的花穗呈黄色。

大麻科　　　　落叶乔木

糙叶树

Aphananthe aspera

中文俗名：糙皮树、牛筋树

花期 4—5月

果期 9—11月

糙叶树在杂木林里长得非常高大，在市区的公园里也可以看到它的身影。在中国，该树是良好的四旁绿化树种，分布在山西、山东、江苏、安徽等地。据说其叶面粗糙，可代替砂纸用于木材打磨。它的春花虽不起眼，但到秋季便可发育为状似蓝莓的圆果，吃起来像果酱一样甜。在山中，鸟类和野兽会吃下它的果实，将坚硬的种子（实为果核）传播出去。

靠动物传播种子

糙叶树于春季开花，属于雌雄异花同株，即雄花（左）和雌花（右）生于同一枝条，因属风媒花（以风为媒介散播花粉的花），故结构简单，均无花瓣。只要弹一下雄花的雄蕊，花粉就会四处飞散。糙叶树曾属榆科，但根据基于DNA碱基序列的新分类系统，现被归入大麻科。

果实直径为1~1.2厘米，在秋季成熟后变为紫黑色，外皮上有白色粉末。果肉可食，口感黏稠似果酱，味道很甜。果实内含一粒坚硬的种子。枝头的果实常被灰椋鸟和栗耳短脚鹎瓜分，成熟掉落在地上的果实则会落入貉等野兽的腹中。

壳斗科　　落叶乔木

麻栎

Quercus acutissima

中文俗名：橡椀树

花期 4—5 月

果期 次年 10 月

麻栎是杂木林的代表性树种，在中国多分布于黄河中下游流域和长江流域等地区。过去，它曾是木柴和木炭的原料。夏夜里，麻栎的树液会将独角仙和锹甲吸引过来。秋季，顶着毛茸茸“帽子”的滚圆橡子又会勾起人类的好玩之心。春天开花时，稠密的黄色花穗在枝头迎风摇曳，形成一道亮丽的风景。

靠动物传播种子

在早春的 4—5 月，麻栎花在叶子长出来之前开放，雌雄异花同株，众多雄花（左）聚生形成长穗，随风飘扬，将花粉传至叶腋处不起眼的雌花（圆图箭头所指）。

壳斗质脆，直径最大可达 5 厘米。橡子的直径为 1.5~2.5 厘米，外壳坚硬，是坚果的一种，其尾部有与母株相连时留下的痕迹。壳斗由苞片木质化形成，起到保护橡子的作用。幼果一旦从壳斗中露出，就可能会有象甲钻进去产卵，并吃掉里面的种子。

橡子家族

小叶青冈

果实个头虽小，但每年的产果量却不少。
壳斗有横纹。

可食柯

壳斗随果序轴一同掉落。
可食用，口感不苦涩。

乌冈栎

橡子尾端窄。
壳斗有网状浅纹。

赤栎

常绿树种，叶厚。
壳斗质软，有横纹。

槲栎

同时具有栎树和槲树的特征。
壳斗有网纹。

均为实际大小

枹栎

与麻栎同为杂木林的代表性树种。
壳斗有网纹。

冲绳白背栎

日本最大的橡子。
壳斗大，有横纹。

长果锥

脱下壳斗“外衣”方可见真容。
可食，味美。

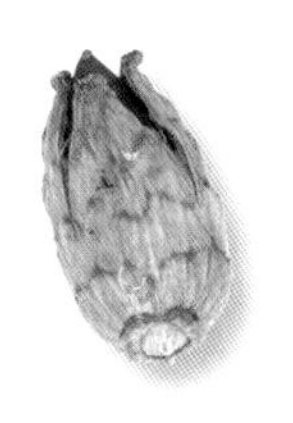

青冈

橡子颗粒小，偏圆形。
壳斗有横纹。

槲树

橡子偏圆。
红褐色的帽状壳斗干巴巴的。

大麻科

落叶乔木

朴树

Celtis sinensis

花期 4 月

果期 9—11 月

中文俗名：黄果朴、紫荆朴

朴树是生长在山上和公园里的高大乔木。鸟类会吃下它的果实并传播种子，因此它的幼株十分常见。它的果实颜色由橙色逐渐加深，成熟时变为酒红色，可食用，味道像果酱一样甜美。它的树冠宽广，树荫浓密，适合栽作庭荫树。在古代，它还起着“路标”的作用。日本的“国蝶”大紫蛱蝶以其叶为食。在中国，该树主要分布在河南、山东、长江中下游及以南地区。

靠动物传播种子

朴树的花于展叶前开放。多数雄花簇生于新枝下部，少数雌花（箭头所指）生于新枝顶部。因其依靠风力散播花粉，因而不具备吸引昆虫的花瓣和花蜜。雄花在展开蜷曲的雄蕊的瞬间，会迅速将花粉弹射出去，使其附在带绒毛的雌蕊上。

果实直径为 7~8 毫米，果肉似果酱，黏稠、味甜。每颗果实内含一粒直径约 4 毫米的坚硬种子（实为果核）。栗耳短脚鹎和灰椋鸟吃下果实后会将种子通过粪便排出。

木兰科　　落叶乔木

北美鹅掌楸

Liriodendron tulipifera

中文俗名：美国鹅掌楸、北美马褂木、美国黄杨

花期　4月末—5月

果期　11月—次年1月

北美鹅掌楸是一种原产于北美的落叶树，常作园景树和行道树栽培。其叶片的形状像一件衬衫，而花像郁金香，因此它有一个贴切的英文名叫“Tulip Tree”（郁金香树）。不仅如此，你瞧，在那树叶凋零的枯枝上，又绽开了一朵“郁金香花”。别被骗了，那其实是北美鹅掌楸的聚合果。风一吹，果实就一片接一片地脱离枝头，在空中旋转飞舞。

北美鹅掌楸于春季开花。其花形似郁金香，但两者的结构完全不同。北美鹅掌楸的花，中心长着一圈雌蕊，可孕育许多果实。

靠风力传播种子

由单花孕育的众多果实，围绕花序轴层层堆叠，聚集形成高达8厘米的聚合果。每当有风吹过，果实便自上往下依次脱落，在空中旋转飞舞。随季节推移，果实仅剩最底部的一圈，状似一朵郁金香花。果实有长约4厘米的果翅，可乘风飞行。

木兰科

落叶乔木

皱叶木兰

Yulania kobus

中文俗名：日本辛夷

花期 3—4月

果期 9—10月

皱叶木兰原产于日本、朝鲜。在日本，该树生长于山中，也可作观赏树栽培于公园、路旁。在中国，青岛、杭州等地有栽培。春季，新叶尚未长出，枝头已遍布芳香四溢的清秀白花。夏末秋初，形状不规则、像拳头一样的果实垂挂在枝头，十分醒目，所以皱叶木兰的日文名发音跟“拳头”相同。秋季，果实开裂，露出的朱红色种子悬挂于白色丝状的假珠柄上。

靠动物传播种子

实际大小

皱叶木兰在早春开花，花期早于一般树木。木兰科是被子植物中保留原始特征的类群，众多雌蕊群生于花的中心，发育形成聚合果。

10月，聚合果开裂，朱红色种子现身并垂落，其表面覆盖厚油层，吸引鸟类采食。种子本体呈心形，又黑又硬，千年之后仍可发芽。

山、公园、路旁

皱叶木兰的聚合果，由数颗或十数颗果实聚生而成，一个圆包对应一颗果实。照片拍摄于8月中旬，可以看出形状奇特的聚合果微微泛红。不久，聚合果上将出现裂缝，露出朱红色的种子，它们是乌鸦喜爱吃的食物。我每次看到皱叶木兰的果实，就不禁联想起名为“目目连”[1]的妖怪。

①目目连是日本民间传说中的一种妖怪。据说下雨时，家里的窗户、地板、房顶上会出现很多眼睛，这些眼睛就是目目连。

樟科 **常绿大乔木**

樟树

Camphora officinarum

中文俗名：香樟

花期 5月

果期 10—12月

樟树是一种树干粗壮的常绿乔木，分布于温暖地带。揉搓它的叶子就能闻到一股醒脑的香气，这种香味的成分叫作“樟脑”，过去曾被用于制作驱虫剂。樟树的白花于初夏绽放，小而不起眼，但到了夏末秋初就会发育成小圆果。果实于秋末冬初成熟，变成黑色，在枝头熠熠生辉。即便是树龄超过千年、广为人知的巨型樟树，最初也是依靠鸟类传播，从这么一颗小小的果实里的种子开始成长起来的。

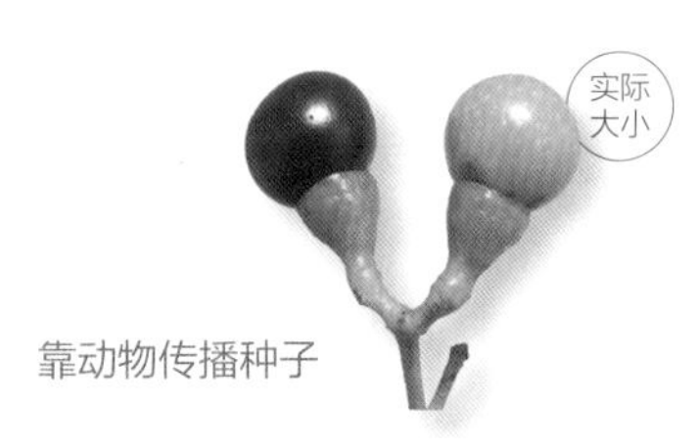

靠动物传播种子

果实在秋冬季节成熟变黑，直径为8~10毫米。支撑果实的果托膨大成杯状，整体看起来就像剑玉[1]的托盘上盛放着圆球。

樟树的花朵直径仅5毫米，十分不起眼。但仔细观察便会发现，它由白色的花瓣和黄色的雄蕊组成，结构十分精致。叶片上三条粗粗的叶脉清晰可见，分叉处膨胀成一个“小房间”，里面住着以吸食叶片汁液为生的小螨虫。

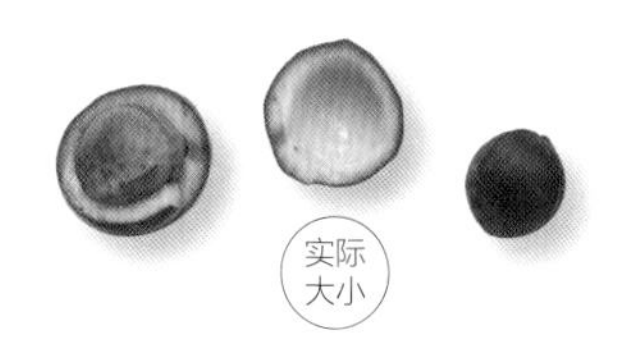

每颗果实内含一粒种子。柔软的果肉富含油脂，用手指触摸后，指尖就像涂了护手霜。种子直径为5~8毫米。

①一种日本传统游戏，由十字形的“剑”和带孔的“球”组成。

樟科 常绿乔木

红楠

Machilus thunbergii

中文俗名：猪脚楠

花期 4—6月

果期 8—9月

红楠是常绿乔木，生长于温暖地带。在中国，该树分布于山东、浙江、安徽、广东等地，为用材林和防风林树种，也可作庭园观赏树。夏季，红楠的果实成熟变黑，与红色果序轴形成颜色反差，容易吸引鸟类的注意。当我试图拍照时，枝头却只见绿色的未熟果。喜爱红楠果实的灰椋鸟每天都会蜂拥而至，专挑熟果啄食，看来我来晚了一步。

靠动物传播种子

红楠在春季开花。花蕾与红色新芽一同生长，绽放出黄绿色的花朵。单花直径仅1厘米，并不醒目。然而，若纵观整棵树，众多的花同时盛开，就能招来许多昆虫。

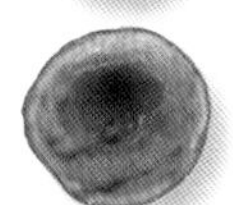

在树下捡到的果实，直径约1厘米。绿色的未熟果质地较硬，待成熟变黑后便会变软。果实的外观是否让你感到似曾相识？没错，它与牛油果颇有几分神似。牛油果（鳄梨）也属樟科，两者果肉均富含油脂。

红楠的种子种皮薄，易剥开。

小檗科

常绿灌木

台湾十大功劳

Mahonia japonica

中文俗名：华南十大功劳、十大功劳

花期 3—4 月

果期 5—6 月

台湾十大功劳是原产于中国的药用植物，其叶与柊树叶形态相似，先端锐尖，宜栽培于庭园作绿篱，还兼具防盗功能。台湾十大功劳与南天竹同属小檗科，在早春先于其他植物开花，花呈黄色，具芳香。梅雨时节，其叶间可见一串串像蓝莓一样的蓝色果实。

台湾十大功劳的花朵在早春开放，直径约 1 厘米，香气怡人。它的花朵有一个有趣之处，用镊子等工具触碰雄蕊的花丝，雄蕊就会立刻朝雌蕊的方向靠拢。它的叶为羽状复叶（呈羽毛状排列的叶），长 30~40 厘米，叶缘有锯齿，尖锐扎手。

果实直径为 8 毫米，长约 1 厘米，成熟时变软，酸甜多汁。单果含 1~2 粒种子。在中国，该果不作食用。而在北美地区，其同属近缘种俄勒冈莓（Oregon Berry），味道酸甜，在当地可作为水果食用。

公园、庭园

小檗科

常绿小灌木

南天竹

Nandina domestica

中文俗名：蓝田竹

花期 6月

果期 11月—次年2月

冬季堆雪兔时，我和家人喜欢用南天竹的果和叶来充当雪兔的红眼睛和耳朵。

南天竹原产于中国，据说很久以前就被引种至日本。南天竹的日文名寓意“消灾解厄”，因此人们常将其种植在家门口，用以驱邪消灾。南天竹全株可药用，果实能用于止咳，但直接食用会中毒。鸟类也是每次吃一点点，然后将种子散播到各处。

果实直径为8~9毫米。顶端的凸起为宿存柱头。单果含1~2粒黄色种子。种子呈半球状，略微变形，表皮多凹陷。果肉苦涩，带有毒性。栗耳短脚鹎会吃下部分果实后飞离，一段时间后再返回吃余下的部分。制造毒素也是植物为广泛传播种子而采取的生存策略之一。

南天竹的花朵在梅雨时节开放，直径为6~7毫米。6枚白花瓣和黄色雄蕊脱落，留下酒壶状的雌蕊，到了秋天就会长成滚圆的红果。

专栏 红色果实的诱惑

南天竹的果实和种子

提起用于营造新年氛围、能长出红果的植物，人们首先会想到草珊瑚、朱砂根和南天竹，此外还有菝葜、铁冬青、全缘冬青、紫金牛、青木、山桐子、七灶花楸、野蔷薇、火棘等。总之，在冬季，数红果最醒目。

果实为何会在冬季成熟变红呢？

红色信号

与红绿灯及很多国家的红色邮筒一样，果实变红是因为红色醒目。这是植物所释放的一种信号，目的是引起周围生物的注意。

不过，不是吸引人的注意。植物是在向鸟类传递信号："看，果实在这里，快来吃吧！"

你看雪兔的眼睛，那就是山桐子果

暗绿绣眼鸟正在啄食朱砂根的红果

植物在红果里悄悄放入种子，再用柔软的果肉包裹，目的是让鸟类吞食整个果实，从而为其传播种子。经过精心设计，种子外覆坚韧材质，通过消化道时也不会被消化，能毫发无伤地随粪便排出鸟类体外。植物虽然不能移动，但只要运用这种方式，借助鸟类的采食、迁徙和排泄，就能使其种子在远离母株的地方生根发芽，而且还附带肥料。

会被鸟类吃下的果实

鸟类视觉敏锐。与人眼一样，鸟类对红色感知最为强烈。因此依靠鸟类传播种子的植物便争相用红色装点自己的果实。数量居其次的是黑色果实。人眼所见的黑果，在鸟类眼中也许是彩色的。这是因为鸟类能感知紫外线，果实便利用紫外线反射在鸟类眼中呈现出不同的色彩。而蓝色、紫色、黄色和白色的果实是比较少见的。色彩鲜艳的果实大多小而圆。之所以设计成这种形状，是为了匹配鸟嘴的大小，更利于其吞咽。

这些果实的另一个共同特征是没什么香味。这与鸟类嗅觉迟钝有关，香气诱惑对它们不起作用。

冬季果实数量多也是有理由的。这个时期的昆虫数量较少。因此，植物特意选在冬季结果，以引诱鸟类。

红色冬果长存于枝头，令人赏心悦目。这背后也是有科学依据的。一方面，果实若早早掉落，就会被后面凋落的枯叶所覆盖，从

朱砂根的果序

而失去被鸟类发现的机会。另一方面，高枝上的红果就是最显眼的招牌，能长期吸引鸟类。在一些鸟类不会造访的城区，朱砂根和南天竹的红果能一直保持水嫩，直至第二年的夏天。它们在静静地等待鸟类的来访。

红色果实为何难吃

我品尝过鸟类食用的果实，味道要么苦要么涩，大部分难以下咽。

仔细一想就觉得奇怪，为何会如此难吃？美味的果实难道不应更受鸟类青睐、更有利于种子的传播吗？

果实若是好吃，鸟类就会持续进食，当场全部吃完，导致种子也随即被排出。这可就麻烦了，完全未发挥传播种子的作用。若不能将种子传播得更远、更广，就失去引诱鸟类的意义了。植物故意生长出难吃的果实，为的是限制鸟类的单次进食量。它们禁不起红色诱惑，便会啄食果实。但只要果实足够难吃（难吃的成分往往是有害的，会引发消化不良等身体的不适反应），鸟类就会适量采食，吃完立即飞离。尽管如此，鸟类下次还是抵挡不住诱惑，再次吃下果实。如此反复，少量多次，种子便被传播至各地。无论在时间上还是在空间上，均实现了广泛传播。吃吧，但就吃一点点。我将这种植物生存策略称为“一点点法则”。

实际上，栗耳短脚鹎虽会啄食南天竹的果实，但并不理会留在枝头的剩余果实，总是只吃几颗就离开。这是因为南天竹的果实含有毒素，甚至可入药。制造毒素也是植物的一种生存策略。

冬季的红色果实里，暗藏着植物的智慧。

紫金牛，一种小灌木（或亚灌木），与朱砂根同属，生长于林间，也可栽培于庭园。

过去，紫金牛在日本被视为新年开运植物，得名“十两”，与“万两”（朱砂根的日文名）和“千两”（草珊瑚的日文名）相呼应。顺带一提，日本的“百两”指的也是同为紫金牛属，同样拥有美丽红果的百两金。

菝葜，一种生长在山上的菝葜科攀缘灌木，其红色的秋果十分美丽。虽生有枝刺，但其枝与果的形态富有韵味，常作插花素材。

金粟兰科 常绿半灌木

草珊瑚

Sarcandra glabra

中文俗名：接骨金粟兰、肿节风、九节茶

花期 6—7月

果期 11月—次年2月

草珊瑚是一种会长红果的植物，经常用于营造新年氛围。在中国，全株供药用。过去，日本商人曾在自家庭园，将会长红果的植物，如草珊瑚、朱砂根和虎刺（茜草科的具刺灌木，日文名发音与日语中的“财源滚滚”相同）栽培到一处，寓意“千两、万两，财源滚滚”，图一个生意兴隆的好兆头。仔细观察球形红果会发现，其顶端和侧面总生有一大一小两个黑点，它们究竟是什么呢？线索就藏在草珊瑚花朵的独特结构里：雄蕊生于雌蕊侧面！

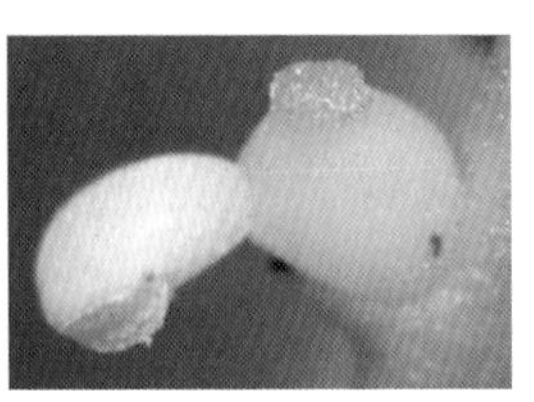

金粟兰科是被子植物中具有原始特征的类群。其花无花萼和花瓣，仅由胖嘟嘟的绿色雌蕊和1枚两侧生有花药的白色雄蕊构成。两者的位置关系也很特殊——雄蕊着生于雌蕊侧面，呈横向突起状。完成使命后，雄蕊便会干枯成褐色脱落。

红色果实直径约7毫米。顶端的大黑点为宿存雌蕊，侧面的小黑点为宿存雄蕊。单果内含1粒直径为3~4毫米的种子（实为果核），通过鸟类的采食进行传播。

山茶科

常绿小乔木或灌木

山茶

Camellia japonica

花期 11月—次年4月

果期 次年10—11月

中文俗名：茶花

山茶是一种野生植物，具有优美的红色大花和光亮的叶片。该树已被培育出多个园艺品种，人们通常将它们统称为“山茶”，作观赏植物栽培于庭园或公园。此外，其种子富含优质油脂，自古用于炼油，如今亦用于制作洗发水和护发产品。

日本屋久岛所产的山茶果直径可达6厘米，被称为“苹果山茶”。其厚实的果皮，是长期与在果实中产卵的象甲做斗争的产物。

山茶于早春的2月至3月绽放红色的花朵。栗耳短脚鹎和暗绿绣眼鸟会前来吸食花蜜。红果更受鸟类青睐，同理，山茶也利用红花来吸引鸟类为其传播花粉。

果实直径约3厘米。成熟后果皮仍保持绿色，裂成3瓣，露出附着在中轴上的种子。种子富含油脂。在野外，种子掉落在地上后，会被森林里如大林姬鼠之类的小动物搬走储存，被吃剩下的那些种子便会原地发芽。

实际大小

靠动物传播种子

庭园、公园

五列木科

常绿灌木

柃木

Eurya japonica

花期 3月

果期 9月—次年3月

中文俗名：海岸柃

柃木是一种常绿灌木，生长于林间，亦可栽培于庭园。在日本一些地区，人们会用其替代红淡比，将枝条供奉在神龛上。在中国，该种分布于浙江沿海、台湾等地，可栽作绿篱，还可药用。柃木花的气味独特，是一种类似煤气的臭味。其花和果实密密麻麻地生长在枝条下侧，看着或许会令人感到头皮发麻。果实成熟后变黑，依靠鸟类采食传播种子。

柃木属雌雄异株，雄花（左）直径5毫米，雌花（右）直径3毫米。两者均散发出类似煤气的臭味。

靠动物传播种子

果实直径约5毫米，内含十数粒长1~2毫米的褐色种子。果肉含有抑制种子发芽的成分，因此待其被鸟类消化，种子方能发芽。的确，若掉落在地上的种子全数发芽，幼苗的密度就会过高，将难以存活。果实一经捏碎便会流出深紫色的汁液，可作染料。

榆科

落叶乔木

榉树

Zelkova serrata

中文俗名：光叶榉

花期 4月

果期 11—12月

榉树是一种落叶树，枝叶伸展，树冠就像一把倒立的扫帚。它的果实十分不起眼，不过只要仔细观察就能发现其踪迹。瞧，枝头的短枝上挂着一些小颗粒，那就是果实。秋季叶子枯黄后，长着果实的短枝便会以枯叶为翅，乘风飞离。寒风过后，去路上找寻带着榉树种子的短枝吧。

靠风力传播种子

榉树花于春季开放，属风媒花，并不起眼，着生于长着小叶的短枝，数朵聚于叶腋处。短枝基部均为雄花，雌花靠近顶部，单花散生。

这就是榉树果实的“旅行装束”。果实本身未持任何“飞行道具”。

但长着果实的短枝上的叶片干枯后不落，所以果实可以将枯叶当作“翅膀”，带着整个短枝一同随风旅行。短枝上的叶片较正常叶片更小。果实宽3毫米，形状不规则，生于叶腋。

悬铃木科　　　　落叶大乔木

二球悬铃木

Platanus acerifolia

中文俗名：法国梧桐[①]

花期 4—5月

果期 11月—次年4月

二球悬铃木的树干呈迷彩纹路，叶片硕大似枫叶，辨识度高。人们通常将与二球悬铃木有亲缘关系的类群统称为“悬铃木”。秋季，其枝头可见垂挂着的球形“果实”，那其实是由众多果实聚生而成的聚花果。当北风吹过，球形聚花果中的小果实便被吹散，如同展开的金色“降落伞”，轻盈地飘向远方。

靠风力传播种子

上图分别是松散的聚花果和绒毛呈伞状展开的小果实。聚花果是由众多绒毛收拢的小果实所组成的集合体，直径约4厘米。一旦某处被风吹动，整个聚花果便会从那里开始解体，无数小果实便纷纷张开金色的小伞，随风飞散。

早春，二球悬铃木同时长出花和叶。左侧是雄花序，仍处于花苞状态。右侧是雌花序，红色的为雌蕊柱头。

二球悬铃木是通过杂交培育出来的园艺植物，常作行道树栽培。斑驳泛白的树皮是它的特征。中国各地广泛栽培。

①现在多把一球悬铃木、二球悬铃木、三球悬铃木统称为法国梧桐，其中二球悬铃木最为常见。

一球悬铃木

一种原产于北美的落叶树，多栽培于公园、路旁。枝上垂挂的聚花果一串仅一个，叶浅裂，锯齿少。该种与三球悬铃木杂交所培育出的就是二球悬铃木。

一球悬铃木的聚花果和小果实。聚花果较大，小果实顶端的突尖状结构（宿存的雌蕊柱头）易脱落。其树皮也是斑驳冷白的，但较其他两种悬铃木程度更轻。

三球悬铃木

聚花果较小，以3~7个为一串垂挂在枝上。小果实的突尖状结构较长。叶也较小，深裂。原产于欧洲至西亚一带。图片摄于日本东京大学图书馆前，该树是希腊科斯岛“希波克拉底之树”的后代。

绣球科

落叶灌木

齿叶溲疏

Deutzia crenata

中文俗名：溲疏、圆齿溲疏

花期 5月

果期 11—12月

齿叶溲疏喜欢生长在光线充足的山中，也常栽培于公园等处。原产于日本。在中国，安徽、湖北、江苏、山东等地有栽培，近见有逸为野生的，属普遍栽培的优良花灌木。它的枯枝中空，日文名为“空木”；花朵外观清秀，因在日本旧历的卯月盛开，又得名“卯之花”；孕育出的果实形状奇特，似茶杯。秋季，“茶杯”顶部开裂，内部细小的种子便乘风散去。借助风力传播的种子通常外观普通，不显眼。若因过于醒目而被动物吃掉，就得不偿失了。

齿叶溲疏的花朵洁白美丽，于5月绽放。花直径 1~1.5 厘米，聚生于枝顶，基本无香气。

果实直径 4~6 毫米，呈圆筒形，表面粗糙，中心挺立 3~4 根宿存雌蕊。秋季成熟后，果实开裂，开口朝上，10 多粒种子在强风的作用下得以四散传播。种子本体约 1 毫米，两端有薄膜状种翅，可乘风飞行。

借助风力传播的种子（1）

撒盐式播种——齿叶溲疏

只要体积够小，种子就能御风而行。齿叶溲疏和马醉木的果实会随风摇动，如同撒盐似的，将种子撒向空中。特别是那些生长在明亮空旷地带的植物，为了提高生存率，它们进化出制造大量细小种子的能力。以杂草中的长荚罂粟为例，其果实长度仅为 1.7 厘米，却能播撒超过 1000 粒细小的种子。

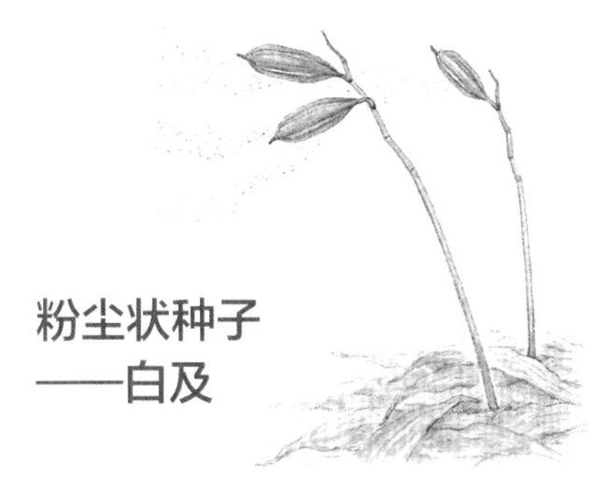

粉尘状种子——白及

种子若轻如粉尘，就能飘浮在空中。最轻的种子要数兰科植物的种子，1 粒种子的重量为 0.00002~0.01 毫克。体积小，数量却多，单果内含数十万粒种子。虽然细小的种子无法储存营养物质，但兰科植物可以从与其共生的菌类中获取养分发芽。寄生植物中的野菰与之相似，也依靠寄主获取营养，故种子很小。

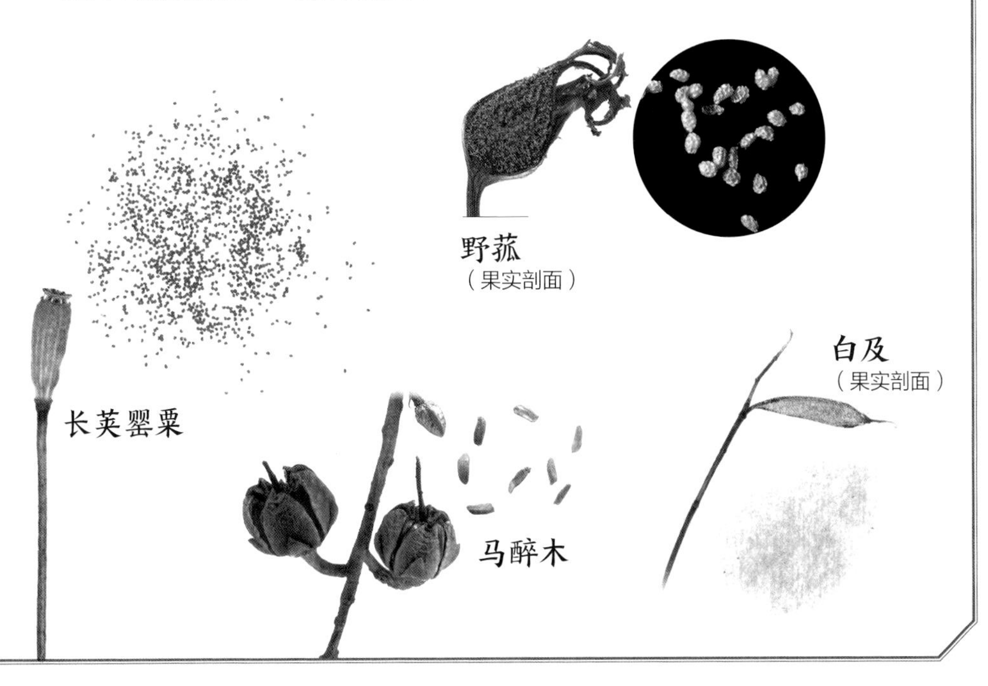

蕈树科 **落叶乔木**

北美枫香

Liquidambar styraciflua

中文俗名：胶皮枫香树

花期 4 月

果期 11—12 月

北美枫香是一种原产于美国的落叶树，多作园景树和行道树栽培。它的叶子易与槭叶相混淆，但北美枫香的叶子为互生（交错生长），而槭叶为对生，可谓形似而神不似。秋天，北美枫香会结出像板栗似的带刺球形聚花果，垂挂于枝头。

进入深秋后，聚花果干裂，从中飞出带翅的种子。落于地面的聚花果质地坚韧，可直接当作节日装饰素材。

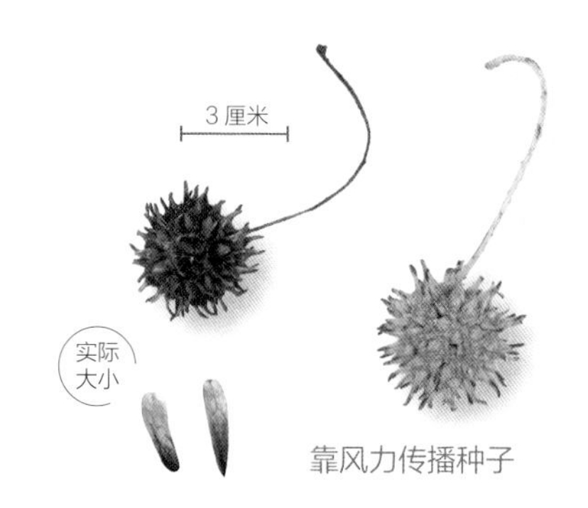

靠风力传播种子

深秋果熟，聚花果干裂开口，带翅的种子便乘风旋转，飞散而去。聚花果直径 3~4 厘米，坚韧有光泽，且长满又粗又硬的锐刺。种子长 7~10 毫米。

北美枫香的花于春季开放，属风媒花，雌雄均为深绿色，无花瓣。雌花序孕育聚花果。多簇聚生的是雄花序（上），单簇垂生的是雌花序（下）。

原产于中国的枫香树叶片为 3 裂。聚花果直径 2.5~3 厘米，外被的刺纤细易折。种子长 7~9 毫米。

路旁、公园

秋天的北美枫香，叶片形状与槭叶相似，但果实形态不同。

海桐科

常绿小乔木或灌木

海桐

Pittosporum tobira

中文俗名：臭榕仔、垂青树

花期 5月

果期 11月—次年1月

海桐的枝叶受损时会散发独特的臭味，所以自古以来，日本人便会在元旦和立春前夜，将海桐枝夹在门缝里，以此来驱邪。其日文名便是由此风俗而来，最初称为“扉木”，而后演变成“扉”。在中国，海桐多栽培供观赏。果实于初冬成熟开裂，露出种子，果皮开展呈盘状，满布红色种子。可是，种子为何不会掉落呢？（答案就在下方）

海桐有雌株和雄株，图片所示为雌株，可见肥大的雌蕊和退化的雄蕊。花直径约2厘米，有甘香，先白后黄。海桐叶具光泽，质韧不易破，边缘向叶背卷曲。

果实生于雌株，直径13毫米左右。果实成熟后裂为3瓣，露出大量红色种子。种子表面黏糊糊地连着一些白丝，紧密附着于果皮，不易脱落。鸟类喜欢食用种子表面的黏稠物质，不惜连同坚硬且具棱角的种子一并吃下，而后又通过粪便将其排出体外。

海边、公园

蔷薇科

常绿小乔木或灌木

细圆齿火棘

Pyracantha crenulata

中文俗名：薜若、红子、火把果

花期 4—5 月

果期 11 月—次年 1 月

细圆齿火棘是以红果和枝刺为特征的中国原产园艺植物，同属所有植物统称“火棘”，常作绿篱栽培。它的果实鲜艳诱人，却含有名为“氰化物”的毒素，鸟类过量食用后会中毒。候鸟太平鸟偶尔会发生神秘的群体死亡事件，研究表明，其中部分事件就是由火棘果引发的。火棘全属 10 种，中国产 7 种，分布于黄河以南及西南地区。

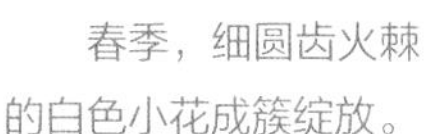

春季，细圆齿火棘的白色小花成簇绽放。

中国原产的窄叶火棘也是火棘家族的一员，适合盆栽。果实成熟后为橙色，直径 8 毫米，外观扁平，与柑橘科的橘子十分相似。

靠动物传播种子

实际大小

细圆齿火棘的熟果呈红色，直径 6~10 毫米，由包裹果实的花托发育膨大而成，与苹果同属假果，内含 5 粒 2~3 毫米的坚硬种子。黄色果肉会释放出似苹果的清香，但有毒。

公园、庭园

蔷薇科

常绿灌木或稀小乔木

石斑木

Rhaphiolepis indica

中文俗名：车轮梅

花期 5月

果期 10月—次年1月

石斑木原产于中国、日本、印度，原本生长在海边，叶片光亮、质厚，耐干旱及空气污染。叶片聚生于枝顶，呈车轮状排列，花形与梅花相似，故又名“车轮梅”。左图中长着圆形叶片的品种叫厚叶石斑木。石斑木的果实在秋季成熟，呈黑紫色，表面有一层白粉，乍看与蓝莓相似，但得益于对海岸环境的适应，其质地更为坚韧，宜作圣诞花环的素材。

石斑木的花朵于5月开放。白花聚生于枝顶，散发清香。单花直径约1.5厘米，花瓣有5枚，先端圆钝，与梅花颇为相似。左图为长着细长叶片的品种，叫柳叶石斑木。

幼果为紫红色，全熟后变黑，表面有白粉。果实直径1~1.5厘米，内含1~2粒坚硬的种子，种子借助鸟类的采食进行传播。这类带白粉的黑色果实，大多表面可以反射紫外线。它们在能感知紫外线的鸟类眼中或许是五颜六色的，而人类则无法看见这些色彩。

海边、公园

豆科　　落叶乔木

槐树

Styphnolobium japonicum

中文俗名：国槐、槐花树

花期 7—8 月

果期 11 月—次年 2 月

槐树是原产于中国的豆科植物，常作园景树和行道树栽培。豆科植物的荚果成熟后，通常会变干硬。槐树则较为特殊，其荚果成熟时，种子之间会收缩成串珠状，质感也会变得如软糖般柔软。这些荚果是专门为鸟类准备的佳肴。被鸟类啄食时，荚果中间收缩的地方特别容易断开，因此能轻松落入鸟腹。

靠动物传播种子

盛夏时节，槐树浅黄色的花聚生于枝顶，成簇绽放。花长约 1.5 厘米。花蕾可作黄色染料，亦可入药。

1—2 月，栗耳短脚鹎在街头的槐树上聚集成群，将半干的荚果叼在嘴里，大快朵颐。断裂的荚果刚好适合一口吞下，坚硬的种子会随粪便排出。

荚果成熟时呈半透明状。因含有起泡物质皂素，故内部富有黏性。将其挂在树上稍微晾干，便会变得如软糖般弹性十足。过去，人们曾用浸泡过荚果的水来洗涤衣物。

公园、路旁

豆科

落叶藤本

多花紫藤

Wisteria floribunda

中文俗名：日本紫藤

花期 4—5 月

果期 11 月—次年 1 月

多花紫藤是一种美丽的日本原产野生植物，中国各地有栽培。春季绽放的浅紫色花穗蔚为壮观。粗壮的藤蔓就像“杰克的魔豆”一样盘绕其他树木，攀缘到高处。自古以来人们就栽培多花紫藤，常作棚架植物供观赏，兼具遮阴功能。夏季，硕大的荚果垂生于枝头，待成熟变干后，荚果会“啪”的一声瞬间迸裂，将种子弹向空中。

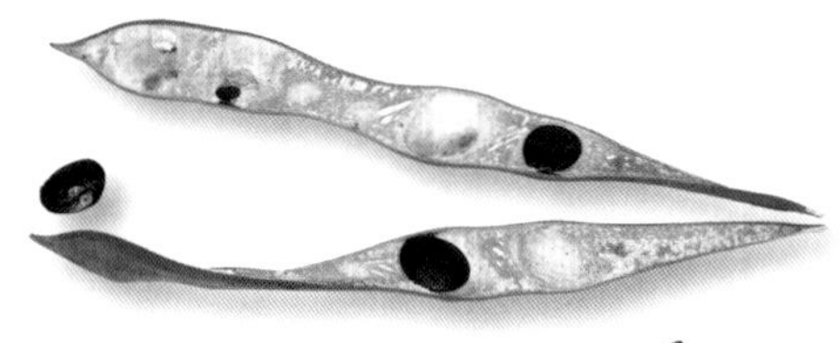

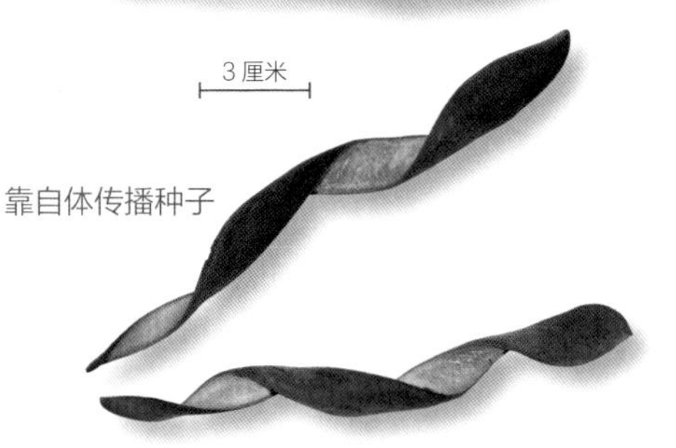

多花紫藤的花穗长 30~50 厘米，最长可达 1 米。花朵长约 2 厘米，在花序轴上自上而下地依次开放，释放甘甜香气招引木蜂（圆图所示）。在花穗的众多花朵中，可孕育果实的不超过 3 朵。这是因为营养资源有限，所以它进行了计划性限产。

荚果长 10~20 厘米，表面密被天鹅绒般的软毛。荚果成熟变干，扭曲开裂成两半，弹射出种子。种子直径为 1.2~1.5 厘米，呈薄圆盘状，像飞碟般旋转着飞散而去。螺旋状弯曲的荚果碎片散落一地。

专栏 迸裂的种子

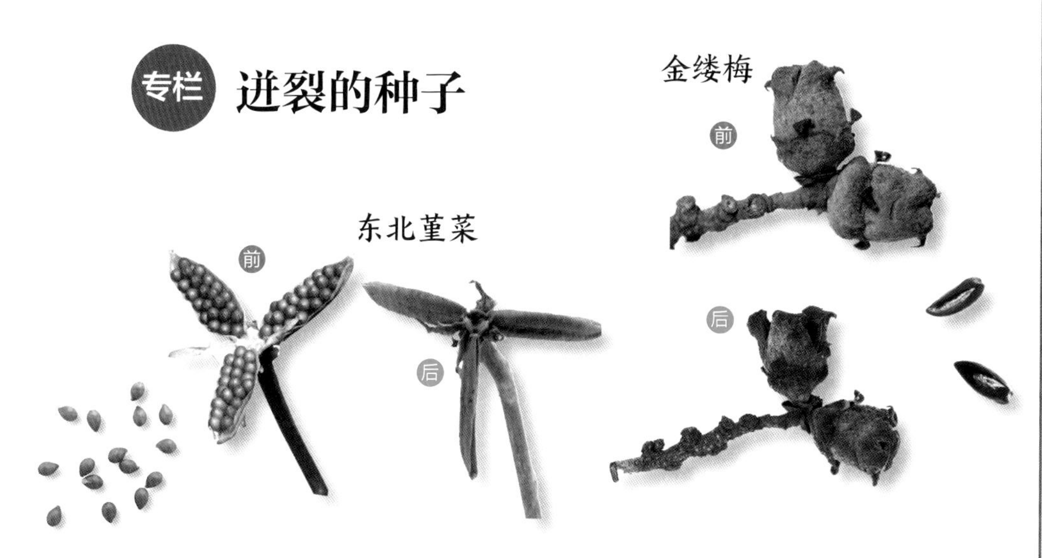

东北堇菜

成熟的果实朝上开裂。看，在三艘“小船”上，种子“船员们”正在整齐列队！随着“小船”干枯变窄，“船员们”接连被“嘭”地弹出“船”外，最后留下空空如也的“船舱”。

金缕梅

果实好似河马的脸，成熟开裂后会露出内部的种子，而后包裹种子的黄色外皮（内果皮）开始干枯收缩，最终缩卷到里侧。在那一瞬间，种子被顺势弹射出去。

中日老鹳草

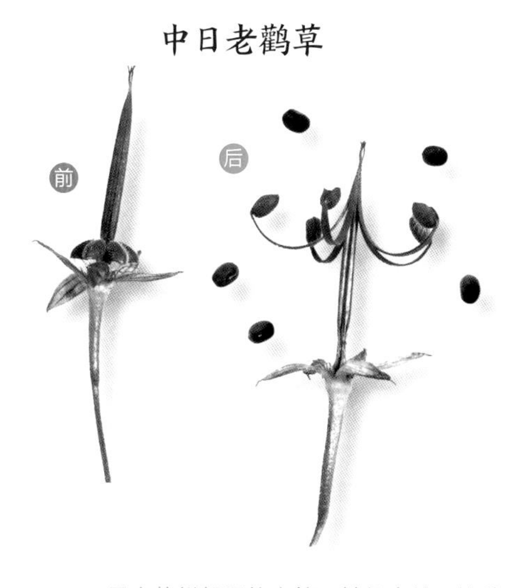

果实状似朝天的火箭，基部含纳 5 粒种子。随着成熟，果皮变干，突然向上翻起，将种子用力抛向空中。果实的残余部分看起来像顶轿子。

凤仙花

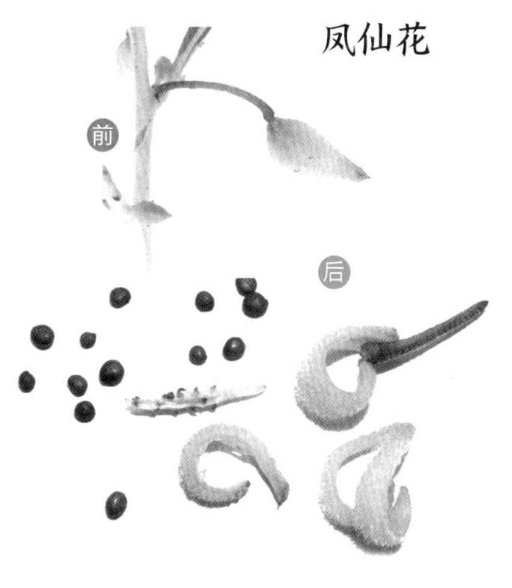

成熟的果实日益膨胀，眼看就要爆开。轻轻一碰，“啪”的一声，表皮瞬间卷曲开裂，十数粒种子借势飞射出去，散落开来。果实表皮吸水后会持续膨胀，从而破裂。

大戟科

落叶小乔木或灌木

野梧桐

中文俗名：野桐、白肉白、抱仔

Mallotus japonicus

花期 6—7月

果期 8—10月

一旦遇到空地，野梧桐便会率先展现其生命力。被鸟类传播而来的种子，会在地下度过漫长的时光，等待合适的时机破土而出。当它们根据土壤温度的变化，察觉出地面的变化时，便会发芽。野梧桐为雌雄异株，仅雌株孕育果实。它的果实表面密布珠状颗粒，且带刺，在秋季时开裂，露出黑色的种子。过去，人们曾用它和槲树的叶子包裹食物。

靠动物传播种子

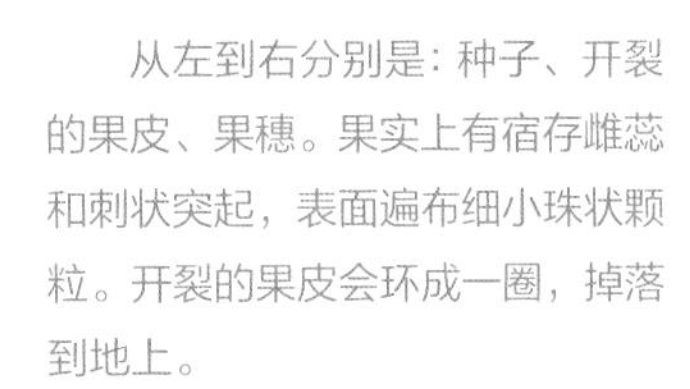

从左到右分别是：种子、开裂的果皮、果穗。果实上有宿存雌蕊和刺状突起，表面遍布细小珠状颗粒。开裂的果皮会环成一圈，掉落到地上。

雌花花穗（左）和雄花花穗（右）。雌花的雌蕊最初为黄色，然后慢慢变为红色。花朵有芳香。

果实成熟后，果皮开裂，露出黑色的种子。种子表面覆有一层油脂，手指一抹便会沾满油。鸟类为了摄取油脂会吃下种子，而后将坚硬的种子通过粪便排出体外。

大戟科　　　　落叶乔木

乌柏

Triadica sebifera

中文俗名：腊子树、木子树、米柏

花期 7月

果期 11月—次年1月

乌柏原产于中国，生于旷野、塘边或疏林中，多作园景树和行道树栽培。心形叶在风中摇曳生姿，于秋季染上黄色、红色和紫色。那藏在秋叶后面的，不正是三颗光亮的白色果实吗？仔细观察，枝头亦有绿色或褐色的圆果。果实成熟后会褪去果皮，露出种子的白色表皮。白色表皮为蜡质，过去人们将其和野漆一同栽培，用于提炼蜡烛的原料。

靠动物传播种子

乌柏的花于夏季开放。长长垂下的是雄花花穗，基部生有数朵雌花。雄花与雌花均花形朴素，平凡不起眼。

果实成熟后，果皮开裂，露出包裹蜡质假种皮的3粒种子，在枝顶闪闪发亮。种子本身呈深褐色，质地坚硬。蜡属于高热量油脂，乌柏利用它诱使鸟类吃下种子，进而实现传播目的。在某些温暖地区，乌柏已经野生化了。

种子的蜡质假种皮会吸引麻雀前来啄食，但仅仅啄食对乌柏是没有意义的。只有灰椋鸟、啄木鸟等大型鸟类，才能将种子完整吞入腹中，真正发挥传播作用。

苦木科　　　　　　　　　　　　　　　　**落叶乔木**

臭椿

Ailanthus altissima

花期 5—6 月

果期 10—11 月

中文俗名：樗、皮黑樗

臭椿原产于中国，分布几遍全国，栽培于公园等地，日文别名为“神树”，英文名叫“Tree of Heaven”（天堂树）。因其种子可随风散播，故如今各地都能看见野生的臭椿。其羽状叶片与漆叶相似，但与漆树并无亲缘关系，也不会引起皮肤过敏。它的果实有翅，翅两端略微扭曲，整体形如牛轧糖，飞行方式多样且独特。捡起一颗果实抛向空中，只见它飘啊飘，转啊转，非常有趣。

靠风力传播种子

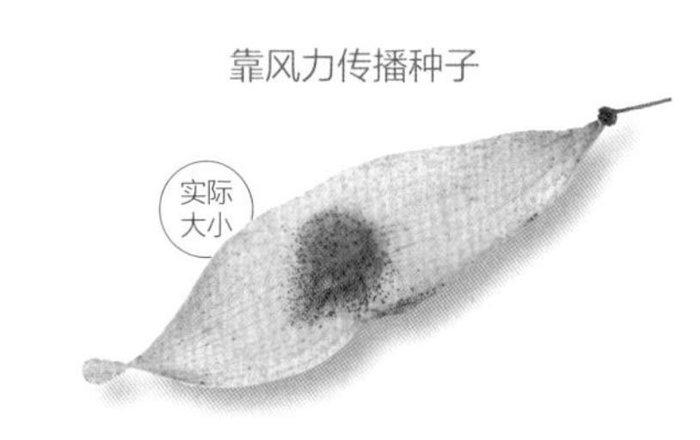

臭椿为雌雄异株，雌花（左）和雄花（圆图所示）均为小花，直径 7 毫米，呈浅绿色，不显眼。顶生花序直径可达 30 厘米，通过分泌花蜜吸引蜜蜂。叶为大型羽状复叶。

雌花子房于花期分为 5 室，最多可孕育 5 个果实。翅果长 3.5~4.5 厘米，果翅轻薄，两端略扭曲，中央生有种子。这种构造使其能实现复杂的飞行——一边纵向自旋，一边大幅度螺旋状画圈。只要翅果的形状和下落角度相宜，就可以在空中翩翩起舞。

山、公园

楝科

落叶乔木

楝树

Melia azedarach

中文俗名：苦楝、紫花树、森树

花期 5—6月

果期 11月—次年2月

冬天的时候，看见枯枝上悬挂着的浅黄色“铃铛”了吗？那就是楝树的果实。楝树分布于温暖地带，细小别致的叶子和浅紫色的花朵都让人顿生清爽怡人之感。在日本，该树分布于西部地区，多栽培于学校、公园；在中国，广泛分布于黄河以南各省，作行道树、庭园观赏树栽培。

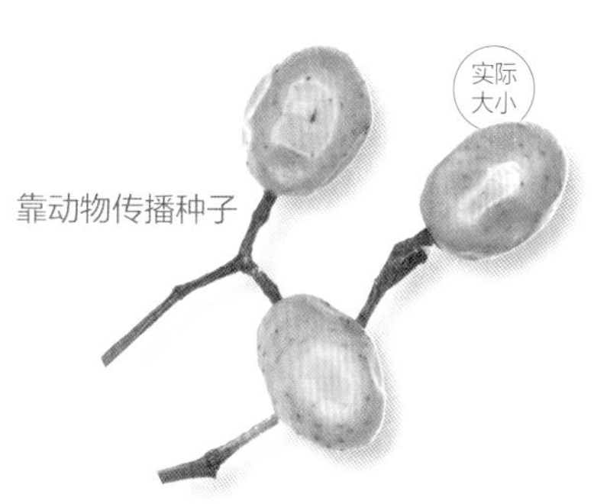

靠动物传播种子

楝树的花朵于初夏开放。浅紫色的花大量聚生于枝顶，散发出怡人的芳香。花直径2厘米，位于中心的深紫色雄蕊合生成直筒状。

果实为圆形或椭圆形，直径1~1.5厘米，于深秋成熟后变为浅黄色。果实味道苦涩，残留在枝头上的果实的果皮会起皱。1—2月，其他树木的果实都掉光时，栗耳短脚鹎和灰椋鸟便会蜂拥而至，将楝树的果实一扫而空。果核有4~6个棱角，质地非常坚硬，里面的种子数量与棱角数量一致。种子可用来制作串珠。

山、公园、路旁、学校

漆树科

落叶乔木或小乔木

野漆

Toxicodendron succedaneum

中文俗名：大木漆、痒漆树、山贼子

花期 5—6 月

果期 11—12 月

野漆生长于温暖地带的山中，美丽的秋叶具有观赏价值，可作庭园观赏树栽培。过去，该种被广泛栽培，用于提取制作蜡烛的原料。在中国，野漆分布于华北至长江以南各省，还可入药，制皂、漆、胶等。野漆的叶片变色时，果实也成熟为深褐色，如葡萄串般成簇下垂。它的果实颜色朴素无华，却含高热量蜡质，因而深受鸟类喜爱。或许，野漆正是凭借其美丽的秋叶，代替那看似平凡的果实吸引鸟类。

靠动物传播种子

实际大小

野漆为雌雄异株，仅雌株（右）能孕育果实。6 月，黄绿色小花聚生成圆锥形花序。花直径约 5 毫米，雌花上有退化的短小雄蕊。雄花（左）的花蕊伸出，看上去姿态优美。叶为羽状复叶。

果实宽 8 毫米。果肉的纤维间充满蜡质。对越冬前的鸟类而言，蜡可是高热量营养品。它们饱餐一顿后，又将坚硬的种子（实为果核）随粪便排出。果肉经蒸煮、压制和暴晒后，就能得到制作蜡烛的原料——蜡。

无患子科

落叶小乔木

鸡爪槭

Acer palmatum

中文俗名：七角枫

花期 5月

果期 11—12月

鸡爪槭是槭属的代表树种，多生长于山中，也常栽培于庭园和公园。叶子呈掌状5裂或7裂，入秋后变为鲜红色，艳丽非常。槭属的果实均为两两成对生长，生有薄翅，好似哆啦A梦头顶的竹蜻蜓。果实成熟干燥后会逐一脱落，旋转着随风而去。

靠风力传播种子

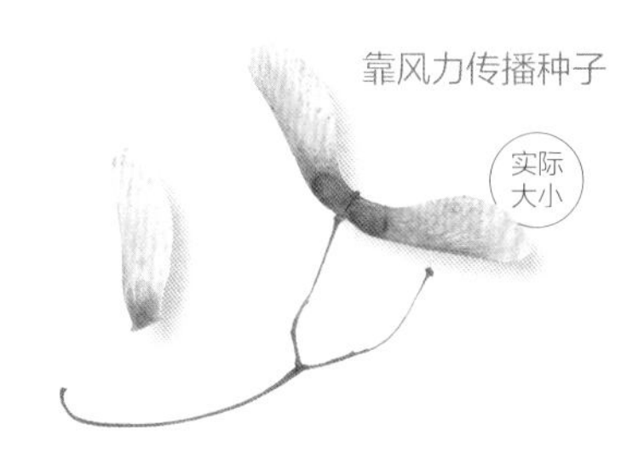

鸡爪槭的一对翅果张开呈近似平角，即便变干减重，该结构也可保证其稳定下落。若将一对翅果掰开，单个抛出，翅果便会因重心偏移而在空中高速旋转。

春季，鸡爪槭的花与叶几乎同时长出。仔细观察伞房花序中绽放的10~20朵花，其中有独自伸展雄蕊的雄花，也有同时具有雌蕊和雄蕊的两性花。雌花（圆图所示）身上已经长出了小小的螺旋桨状结构。

原产于中国的三角槭多见于路旁和公园。成对翅果相对朝下，呈锐角张开。

锦葵科　　　　　　　　　　　　　　　　　　　　　　落叶乔木

南京椴

Tilia miqueliana

中文俗名：菩提椴、白椴

花期 6 月

果期 9—11 月

南京椴原产于中国，传说与佛教创始人释迦牟尼颇有渊源，所以又名“菩提椴”，在寺庙中广为栽培。事实上，见证释迦牟尼悟道成佛的另有其树，真正的菩提树为桑科植物，属于热带树种。南京椴与真正的菩提树外形颇为相似，于是就成了它的“替身”。南京椴的果实就像形状奇特的直升机，刮刀状叶片组成螺旋桨，载着吊挂的“机组人员”——圆形果实，旋转着缓缓降落。

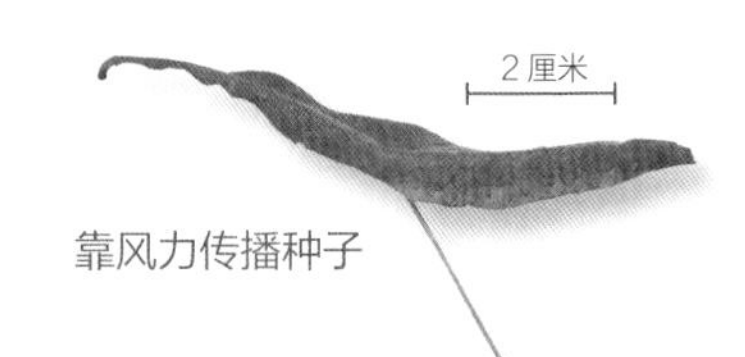

靠风力传播种子

在众多花中，仅有 1~3 朵可孕育果实。苞片发挥螺旋桨的作用，带着果实旋转着缓缓降落。果实直径 8 毫米，呈圆形。

南京椴的叶片呈心形，背面泛白。叶腋处生出刮刀状苞片，其下部中段附着花序柄。花序柄与苞片的叶脉连在一起。

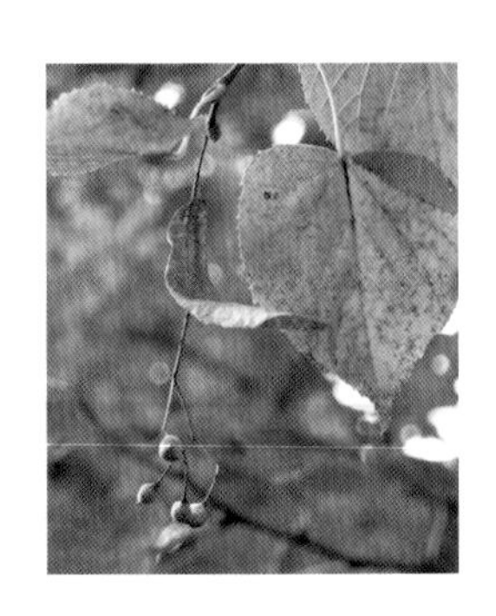

南京椴的近缘种华东椴是生长在山中的落叶乔木，多作行道树栽培。其果实直径 5 毫米，顶端是尖尖的。

寺庙、公园

无患子科 落叶大乔木

无患子

Sapindus mukorossi

中文俗名：木患子、洗手果

花期 6月

果期 9月—次年3月

无患子叶片大而平展，形似鸟羽，常栽培于公园和寺庙。在中国，多分布于东部、南部至西南部。秋季果熟，圆果透着焦糖般的色泽，接连掉落在地上，直至下一年春季来临。果实为半透明状，在阳光透过时可见种子的圆形轮廓，摇一摇还会发出声响。过去，人们曾用其果皮来洗涤衣物，打磨其种子制成念珠。

果实直径 2~3 厘米。每朵雌花含 3 枚心皮（构成雌蕊的基本单位），其中 1 枚发育成果实，余下 2 枚宿存，像壶盖一样留在果柄上。种子直径 1~1.3 厘米，黑色、坚硬，常用于制作板羽球的毽托。在山里，老鼠等动物为其传播种子。

无患子的叶片特征明显，为大型羽状复叶，叶轴无顶生小叶。它的花在夏季开放。在顶生花序中，雄花与雌花混生，均为浅绿色小花，直径 4~5 毫米。

无患子果实的果皮含起泡物质——皂素，将剥下的果皮与少许清水混合，再置于塑料瓶中摇晃，立刻就能产生泡沫。

无患子科 **落叶乔木**

日本七叶树

Aesculus turbinata

中文俗名：无

花期 5—6 月

果期 9 月

日本七叶树原产于日本，目前已引种中国，栽培于青岛、上海等城市，作行道树和庭园观赏树。该种是著名的巴黎行道树——欧洲七叶树的近缘种，两者外形易混淆。在日本，人们会用它硕大的种子加工成年糕和团子。虽然制作工序复杂，但成品着实令人垂涎欲滴！

掉落于地的果实和种子。在山上，松鼠和大林姬鼠会将其视为冬粮，一一搬走储存，而那些被吃剩下的种子就会在春季发芽。

日本七叶树的叶子展开后宽如手掌，其上挺立高约 25 厘米的圆锥花序。众多花中仅数朵可孕育果实，到秋季便可见乒乓球似的圆果。

带有果皮的果实（左）和种子（右）。果实直径 3~5 厘米，成熟后一分为三，掉出 1~2 粒种子。种子富含淀粉，但含有毒素，不可直接食用，若将其磨成粉末，再用水浸泡，便可去毒去涩，如此方能食用。

一棵硕果累累的日本七叶树。在过去的日本山村，日本七叶树的果实被视为珍贵的自然恩赐。图片摄于日本新潟县的秘境——秋山乡。当地很多村庄在江户时代的一场饥荒中灭亡，而巨大的日本七叶树构成的森林仍留存在这片土地上。

冬青科　　常绿小乔木

全缘冬青

Ilex integra

中文俗名：苦连条、黐木

花期 4 月

果期 10—12 月

全缘冬青为常绿树种，多分布于温暖地带。它的叶片光亮厚实，与红果相映成趣，常栽培于公园与庭园。树皮含一种似口香糖般黏稠的“粘鸟胶”（鸟黐）成分。过去，人们会收集这种黏性物质，将其抹在棍棒顶端，用来捕捉鸟类和昆虫。全缘冬青为雌雄异株，雌株于秋季结出红色果实。同样拥有美丽红果的还有同属的铁冬青和具柄冬青。

全缘冬青于春季开花。花呈黄白色，直径约 5 毫米，小而不起眼。上方左图为雄株。雄花生有退化的雌蕊，而雌花（圆图所示）生有退化的雄蕊。由此可知，其祖先曾是同时具有雄蕊和雌蕊的两性花。

果实直径约 1 厘米，顶端的黑色痕迹为宿存雌蕊柱头，内含 4 粒表面粗糙起皱的种子（实为果核）。

全缘冬青的近缘种铁冬青，常作园景树和行道树栽培。雌雄异株，雌株孕育果实。果实非常小，直径仅6毫米，但它们密匝匝地缀满枝头，一齐成熟变红，场面蔚为壮观。

具柄冬青，其果实垂挂在长长的果柄上。在中国，分布于陕西、安徽、浙江、江西等省，树皮可入药。

锦葵科　　　　　　　　　　　　　　　　　　　　　　落叶乔木

梧桐

Firmiana simplex

中文俗名：青桐、瓢儿果树

花期 7月

果期 9—10月

梧桐生长得很快，常作观赏树栽培于公园和路旁。其掌状分裂的硕大叶片和整体树形与毛泡桐颇为相似，不同的是，梧桐的枝干呈绿色，故又名“青桐”。秋季，梧桐果实成熟，一簇簇状似枯叶，风吹过沙沙作响，一片果实“小船”从树上悄然旋转而落。圆球形的种子就“坐”在“小船”的边缘。这外形独特的种子真是让人越看越觉得奇妙。

靠风力传播种子

实际大小

船形果实长5~9厘米，载着边缘处的2~4粒种子，在空中旋转降落。种子表面遍布的皱纹是被水浸泡过的痕迹。

梧桐为雌雄异花同株，聚生成大型圆锥花序。单花直径约1厘米，5枚萼片向外卷曲，宛如花瓣。

每朵雌花孕育5颗果实，果实呈袋状，内腔充满水。7月末，果实从上至下开裂，变成船形。由于是从上面慢慢裂开的，所以水不会一下子溢出来。

专栏 借助风力传播的种子（2）

长翅膀的种子——梧桐

种子外围伸展开来的薄片称为“翅”。梧桐和槭树的翅果重心偏向翅的一边，所以能旋转下落，乘风飞行。

春榆翅果的重心靠近翅的中心，因此能平稳飞行，或轻轻地飘舞摇曳。凌霄翅果的重心位于翅的正前侧，因此能似滑翔翼般滑翔飞行。

带绒毛的种子——药用蒲公英

有些种子的末端有极细的绒毛束，可以轻轻飘浮在空中。这类种子遇到上升的暖气流便能飞得很高，多见于低矮草本及藤本植物。

蒲公英和蓟的绒毛由花萼变化而成，称为“冠毛”。亚洲络石的绒毛是由种子的部分结构变化形成，称为“种毛”。

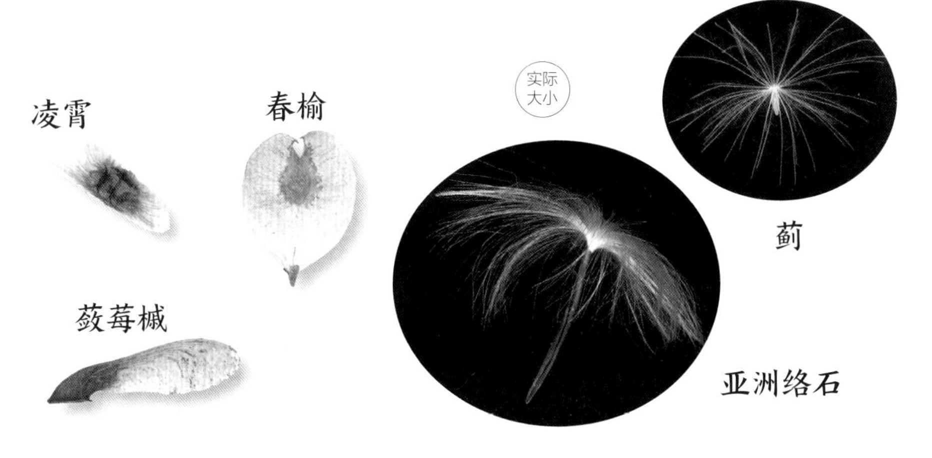

轻飘飘、转圈圈，乘风飞舞的种子

将遗传信息封存在胶囊之中，在遥远的未来萌芽

银光闪闪的绒毛里也藏着旋翼的设计巧思

与动物不同，植物根扎于土壤，无法移动。然而，它们创造出一种质地坚韧、做工精巧的胶囊——种子，通过它实现了空间自由移动。种子满载着遗传信息和来自母株的营养物质，或乘风飞行，或顺水漂流，或利用鸟兽，或自行迸裂来脱离母株，前往新天地。

蓟

风是可靠的搬运工。只需等待，它便会主动造访，带种子离开。不过，种子仍需做好相应准备，方能抓住风。

蒲公英打开银光闪闪的绒毛“降落伞”，其每根细绒均受空气阻力的影响，只要风一吹，便会缓缓飘荡着飞走，好似浮在半空。虽均为菊科，有冠毛，但用放大镜观察便会发现：蓟的降落伞状绒毛如同鸟羽般分叉；苦苣菜的绒毛柔软似安哥拉绒，但韧性不足，只要遇到湿气，便会迅速软塌；高大一枝黄花的绒毛数量足、韧性强、结构牢。综上所述，不同植物的绒毛在形状和物理性质上各不相同，但它们也具有总重量轻、可乘风在半空中飞舞的共同特征，此种类型的种子多见于低矮的草本类植物。藤本植物亚洲络石的种子，撑着直径达 5 厘米的白毛“降落伞”，在空中飘浮飞舞。其种毛极细，直径仅 20 微米，且为中空。看来，在许久之前，植物就已经开发出了新型轻质材料纤维。

直升机、螺旋桨和粉尘状种子

有些植物甚至造出了可升空的“直升机”。槭树的翅果和松树的种子会高速旋转身体一侧的“螺旋桨”，延长在空中停留的时间，以便飞向更远处。槭树的翅果表面遍布流线型脊纹，发挥整流器的作用，防止形成空气涡流，从而稳定飞行。南京椴和梧桐则使用“大型直升机”一次运输多个果实。南京椴以名为“苞片”的特化叶为翼，梧桐则将 5 裂的果皮“设计”成飞船。这些别出心裁的改造翼正是植物们展示创意的舞台。

榉树是一种常见的行道树和园景树，其种子以一种不同寻常的方式御风而行。秋季，植物通常从叶的基部产生离层[①]，促使其脱落。只有榉树非同寻常，它是在着果短枝的基部形成离层。当深秋的寒风刮过，着果短枝便连同着生于叶腋的小果一并脱落，以枯叶为翼，在风中回旋起舞，乘风而去。螺旋桨形状的种子的缺点是较重，在飞行时无法获得匹敌绒毛的上升力，因此这种类型的种子基本只来自高大的树木。

野菰

① 指叶、花、果实脱离茎干时，在这些器官的基部所形成的特殊细胞层。

只要种子似粉尘般细小，那么即使不具备特殊的降落伞或螺旋桨结构，也可轻盈地乘风飞舞。事实上，兰科和野菰等植物已将这一设想变为了现实。这些极小的种子的直径仅有 0.1 毫米，重量仅为百万分之一克，以舍弃母株所提供的营养为代价，换来自身的轻量化。具有这种“粉尘状种子”的野菰属于寄生植物，种子一经发芽，便寄生于芒草或蘘荷的根部，依靠夺取的营养生存。换句话说，正因为它是寄生植物，所以才具备轻量化的条件。兰科的种子其实也是自发芽时期起，便从土壤中的菌类身上吸取营养成长。这就是它们小巧轻盈、堪比尘埃的原因。

专栏 这是果实吗

不，是虫瘿

掉落于地的蚊母树虫瘿。
圆孔是寄生虫的逃生孔。
对着这个洞口吹气，会发出声响。

本以为枝上结了果实，但看起来却有些不对劲，令人感到一丝怪异。

金缕梅科的蚊母树的枝头上，挂着长达 7 厘米的硕大果状物。当果状物枯萎后掉落到地上，我们凑近一看，就会发现上面有圆孔，内部完全是空的。这究竟是什么呢？

虫瘿是植物枝叶在遭受蚜虫、瘿蜂等昆虫寄生后，所形成的瘤状物。寄生虫注入的物质会扰乱植物生长，致使其异常发育出畸形结构。在虫瘿里，寄生虫以柔软的果肉为食，远离鸟类和肉食性昆虫，得以安全度日。当离开的时机成熟了，它们便会自己开孔，爬出虫瘿。

蚊母树上的虫瘿。大小约 5 厘米。

寄生的昆虫种类不同，虫瘿的颜色和形状亦存在差异。蚊母树上会寄生多种类型的蚜虫，形成不同的虫瘿。野茉莉和荚蒾的虫瘿也很有意思。还有一些虫瘿拥有很漂亮的色彩。

捡起蚊母树的虫瘿，对着上面的小孔吹气，会听见陶笛声般的声响。过去孩童就喜欢这样吹着玩。在宫崎骏的动画电影中，龙猫在树上吹的那个东西说不定也是它。

蚊母树上的虫瘿。约有婴儿拳头大小。其形状之所以与下面的虫瘿不同，是因为寄生的蚜虫属于不同种类。

蚊母树真正的果实。蚊母树采取与金缕梅一样的种子传播方式——果实成熟时迸裂，将种子弹射出去。

种子是时间旅行者

种子借助风、水和动物的力量，前往新的地方，开启生命之旅。这场旅行并不局限于空间移动。

实际大小

生长于河岸的毛蕊花。
种子的寿命超过 100 年。

一年生草本植物会以种子的形态度过生存条件恶劣的季节。干燥的种子处于休眠状态，可以轻松抵御酷暑、严寒和干旱。

在河滩、田地和空地等稳定性差的环境中，种子是植物生存下来的关键。植物即便灭绝，只要留下种子，生命就能得以延续。所以此类植物的种子通常很长寿。

在环境稳定的森林中，也存在长寿的种子。昏暗的林地不利于幼树生长。当周围的树木倒下，阳光照射进

月见草是空地和河滩上的杂草。
种子的寿命超过 80 年。

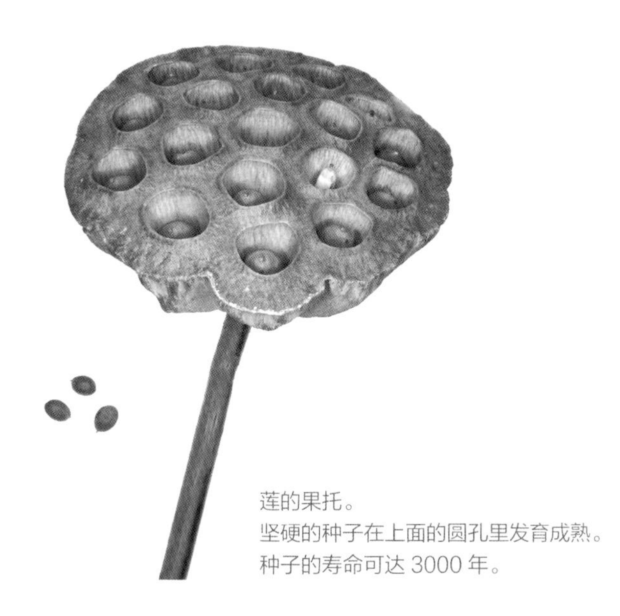

莲的果托。
坚硬的种子在上面的圆孔里发育成熟。
种子的寿命可达 3000 年。

来，此刻就是发芽的绝佳时机，要想抓住它，效率最高的方式就是休眠等待。

不过，要如何把握觉醒的时机呢？

有些种子具有可精确探测周围环境的感知系统。其感知对象丰富多样，有光线、温度和温变范围等。其中一些种子能力优异，可以根据光线色彩的细微差异，判断其上方是否有叶片遮挡，待到无遮挡时就会抓紧时机发芽。

这就是种子自由穿梭于时间的秘密。看似不动的植物，其实跨越了时间，向未来传递着生命。换言之，种子可谓是时间旅行者。

专栏 用种子做手工

橡子陀螺

用锥子在橡子的底部打个洞，再插入牙签，便大功告成。

图示为麻栎的橡子。

麻栎的橡子外壳柔软，适于制作。

将橡子底部摁在水泥地上摩擦一下，打磨刮软，这样更方便插入牙签。

用橡子来制作各种玩具吧

用油性笔为橡子画脸谱！

尖头朝上放，看，立好了。

尖头朝下放，好似光头。

圆橡子、尖橡子，将每种橡子都把玩一遍吧。

用橡子和壳斗组装动物吧！

这是由赤栎的橡子和壳斗“帽子”制成的小摆件。

用薏苡来做一串项链吧

薏苡是禾本科的一年生粗壮草本植物，生长在野地和空地。它的种仁就是薏仁，具药用价值。

薏苡秋季结果，其果质硬，呈浅褐或灰色，有光泽。

它的果实中心有贯穿小孔，可直接用于制作串珠。用针线将果实穿起来，便是一条好看的项链。记得事先用拔毛器等工具拔除小孔里的芯，这样会更容易穿针。

薏苡

胡颓子科

落叶直立灌木

木半夏

Elaeagnus multiflora

中文俗名：四月子、羊不来、莓粒团

花期 4—5月

果期 6—7月

木半夏是生长在山中的灌木。胡颓子科植物的特征是叶片下表面像贴了银箔般散发着光泽，其红色的果实也是如此。其根上有菌类共生，能够提供养分，因此对土壤的要求并不高，可以在贫瘠的土地上生长。木半夏的果实味甜、稍涩，常作果树栽培。人们已培育出大果型的栽培品种。此外，其近缘种牛奶子的果实亦可食用，甘甜可口。

靠动物传播种子

木半夏的花于5月开放，带着甘甜的香气，侧面及花柄都覆盖着闪亮的鳞片。叶片下表面也铺满了银色鳞片，其中还间杂着少数深褐色鳞片。

果实长1.5厘米左右，表面也有银色发亮的鳞片，味甜、稍涩，但涩味不会残留在口中，所以很好吃。种子长约1厘米，外表有8条棱。

牛奶子生长在河滩和野地，叶片较细长。果期为夏季，小圆果直径约8毫米，可食用，酸甜可口。

庭园、山

杨柳科　　　　　　　　　　　　　　　　　　落叶乔木

山桐子

Idesia polycarpa

中文俗名：水冬桐、椅树、斗霜红

花期　5月

果期　10月—次年2月

山桐子生长在山中树林和公园里。到了秋末冬初，它平展的树枝上就会挂着一簇簇如葡萄串般的红色果实。过去，日本人曾用它的叶片包裹米饭，因此又称它为“饭桐”。山桐子为雌雄异株或杂性，仅雌花孕育果实。它的果实外形优美，果肉却味苦发臭，不为鸟类所青睐。即便过了元旦，果实仍挂在光秃秃的树枝上。

靠动物传播种子

实际大小

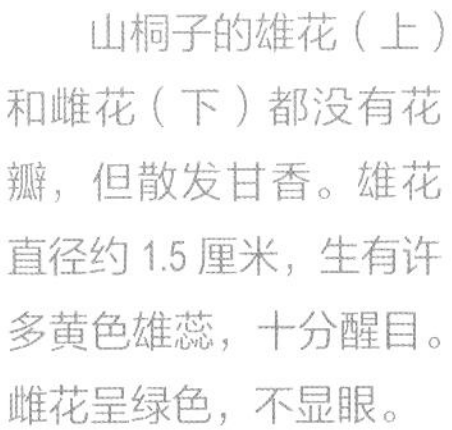

山桐子的雄花（上）和雌花（下）都没有花瓣，但散发甘香。雄花直径约1.5厘米，生有许多黄色雄蕊，十分醒目。雌花呈绿色，不显眼。

果穗长20~30厘米。单果直径约1厘米，外形与南天竹果相近，但其包含的种子数量更多，达到数十粒。种子长2毫米。果肉呈黄色，又苦又臭，口感不佳。待日本女贞等树木的果实被食尽后，栗耳短脚鹎才会来到山桐子的枝头寻找食物。这或许是山桐子的生存策略，通过让果实口感变差，达到调节种子传播时间的目的。

山、公园

千屈菜科

落叶小乔木或灌木

紫薇

Lagerstroemia indica

(花期) 7—9月

(果期) 11—12月

中文俗名：百日红、痒痒树

紫薇是原产于亚洲的园艺植物。因树皮平滑，而在日本被称为“猿滑”。其红花接连盛放，横跨夏秋两季，故又名“百日红”。紫薇花在中国古代又被称为“官样花”，象征着富贵荣华。紫薇的花朵精致华丽，在枝头随风摇曳，花落后孕育出彩球似的圆形果实。果实在叶片变色时成熟，裂成6瓣，释放出种子。可爱的小种子在空中旋转着四散而去。

紫薇花的花瓣有6枚，卷曲褶皱，像精美的纸工艺品。虽然每朵花的寿命仅两日，但它会接二连三地长出新的花蕾并绽放。即便不足百日，在6月至9月期间，紫薇花也会持续盛开。

果实直径约1厘米，呈圆球形，成熟干燥后会像装饰彩球一样裂成6瓣，带翅的种子便会旋转着从中掉落而下。种子长约7毫米。因在圆球形果实内生长，种子的背面也长成了优美的弧形，十分有趣。

庭园、公园

丝樱花科　　　　常绿灌木

青木

Aucuba japonica

中文俗名：东瀛珊瑚

花期 3—4 月

果期 12 月—次年 3 月

青木生长于温暖地带的林荫处，常作观赏树栽培于庭园和公园。它的名字就源于其翠绿色的枝条。冬季，油亮的绿叶与红色的果实相互映衬，组成了圣诞节的配色，非常醒目。19 世纪 60 年代，访日的英国人为其美丽所折服，于是将生有果实的植株带回了英国。然而苦等多年却再不见其结果，这是为什么呢？

果实长 1.5~2 厘米，直径 1~1.3 厘米，是栗耳短脚鹎等大型鸟类的食物。其种子（实为果核）虽无坚硬外壳，但富有弹性，可随粪便排出体外。偶尔会看到它的畸形“果实”，其实是青木瘿蚊寄生所形成的虫瘿，既不会变红，也不会产生种子。

青木为雌（左图）雄（圆图）异株，雌株周边若无雄株，便无法授粉及孕育果实。最终，在约 80 年后，雄株被引进英国，雌株才结出红色的果实。雄花与雌花均呈深褐色，直径约 1 厘米。雄株的花更多。

山茱萸科　　　　落叶小乔木

大花四照花

Cornus florida

中文俗名：狗木、多花狗木

花期 4—5 月

果期 10—12 月

大花四照花原产于北美，花、果、秋叶均具观赏价值。中国国家植物园已引种栽培。花、叶都与日本四照花存在相似之处，而果则全然不同。它的花看起来是一朵花，实际上是许多花的集合体。果熟时呈红色，味苦，约 10 颗果实聚生成像星星一样的果序。大花四照花与日本四照花具有相同的祖先，那为何会因产地不同而产生差异呢？

靠动物传播种子

状似花瓣的结构是“总苞”，由包围花序的叶片经变色与变形而成。总苞含 4 枚总苞片，顶端呈圆形，有粉色和白色品种。

一个花序的十数朵花中约有一半可孕育果实。果实长约 1.2 厘米，内含 1 粒坚硬的种子（实为果核）。成熟的果实呈鲜红色，试吃后发现味道极苦。如此设计果实是为了让鸟类将其直接吞下，达到传播种子的目的。日本四照花为迎合猴子的口味，将果实进化为外形圆润、味道甘甜的水果。在没有猴子的北美，大花四照花则为了满足鸟类的需求，将果实进化为鸟嘴大小的小果。

山茱萸科

落叶乔木

日本四照花

Cornus kousa

中文俗名：东瀛四照花

花期 6月

果期 9—10月

日本四照花是日本山中常见的落叶树，也常作园景树和行道树栽培。中国的四照花是日本四照花的一个变种，现中国东南各省均有分布。4枚看似花瓣的结构实为总苞，花在其中心聚生成球状。花序整体发育成1颗球形果实，在秋季成熟后变为珊瑚色掉落在地上。令人惊喜的是，它的果实味道甘甜，入口即化，简直就像热带水果！

日本四照花的花朵在梅雨时节绽放。白色总苞先端渐尖，直径为10厘米。中心有20~30朵小花，紧密聚生成头状花序（圆图）。花呈黄绿色，直径4毫米。

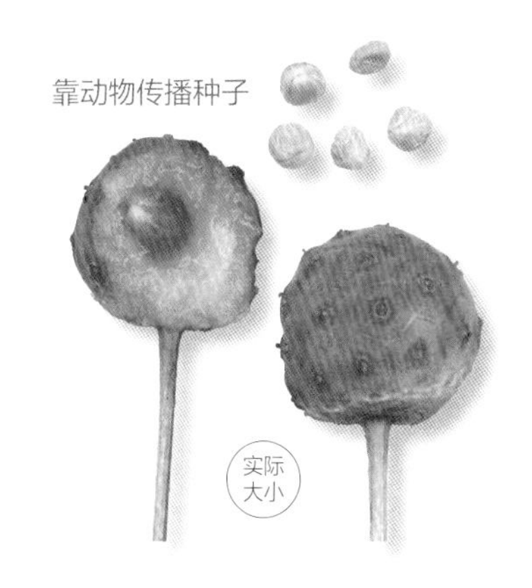

果实于秋季成熟，直径1~2厘米。看似1颗果实，实为许多小果合生而成的球形聚花果，上面依稀可见每颗小果的残留痕迹，形成足球一样的纹路。果熟时内部变软，味道甘甜，散发香气，吃起来如芒果般美味。果实含单粒或多粒种子（实为果核），质地非常坚硬。在山里，猴子会吃下它的果实并传播种子。

安息香科　　　　　　　　　　　　　　　　落叶小乔木或灌木

野茉莉

Styrax japonicus

中文俗名：耳完桃、野花培

花期 5月

果期 10—11月

野茉莉的花与果实都具观赏价值，多生长在山中，现在也经常栽培于公园。咀嚼它的果皮，口中会产生强烈的烧灼感（喉咙感觉火辣辣的）。秋季，野茉莉的果皮干裂脱落，仅留坚硬的种子悬挂于枝头。小型鸟类杂色山雀（圆图所示）会撬开其种子外壳，吃掉种仁，也会将部分种子埋进土里储存。一些被遗忘的种子就会在春季发芽。野茉莉的小坚果是专为杂色山雀设计的美味佳肴。

靠动物传播种子

野茉莉的花于5月绽放。白花直径约2.5厘米，数朵聚生成一串，垂挂在枝头，散发甜美的芳香。

果皮含有起泡物质——皂素，即烧灼感的原因所在。捣碎未熟果并浸入水中，可产生泡沫，以前的人们用它来洗衣服。坚硬的种子还可以作为孩童过家家和丢沙包的游戏道具。

有时可以在野茉莉的枝头看到小小的“香蕉串”。这是一种蚜虫寄生所产生的虫瘿，被称为“野茉莉的猫爪”。蚜虫在虫瘿内繁殖，在野茉莉和禾本科的莠竹之间往返生活。椭圆图所示为虫瘿的剖面。

专栏 由动物搬运的种子（1）

外壳坚硬，内含美味的果仁（种子），也就是人们常说的坚果，如核桃和橡子等。松鼠会咬破硬壳吃下种子，也会搬运种子到别处，逐个埋入地下储存，到冬季再慢慢挖出食用。在地下储存的坚果中，总有一些会被松鼠遗忘，从而发芽。也有一些坚果是由鸟类搬运到别处储存的，例如野茉莉。

圆齿水青冈

日本北方森林中的常见树种。

三角形橡子虽小，但具有很高的营养价值。

欧洲七叶树

果皮长满了小刺。松鼠和老鼠会搬运并埋藏其种子。

茶

山茶科的常绿树。叶可制成茶叶。球形种子富含油脂。

专栏 穿越时空的神奇种子

种子的各色旅行

秋季是丰收的季节。路旁和庭园里，各种植物正在孕育果实。在初夏满绽白花的野茉莉，此刻枝头已挂上外覆硬壳的种子。我们身边的种子正整装待发，准备开启新的旅程。

种子们是如何旅行的呢？它们八仙过海，各有神通。

槭树的翅果旋转着小巧而精致的翅，像直升机般乘风而行，打着转飞离枝头。一些种子则选择顺水漂流。种子们巧妙地利用了大自然的力量。

有些种子借助动物的迁徙能力。野茉莉种子的坚硬外壳下，充满了杂色山雀所喜爱的油脂。山雀会把一次吃不尽的种子带到别处，埋进土里储存。储存的场所也可能利于种子发芽——阳光充足、深度适宜。

森林里的老鼠也在不停地搬运食物。大获丰收的橡子利用鸟兽的力量到达不同的地方，被吃剩下的那部分就能发芽成长。

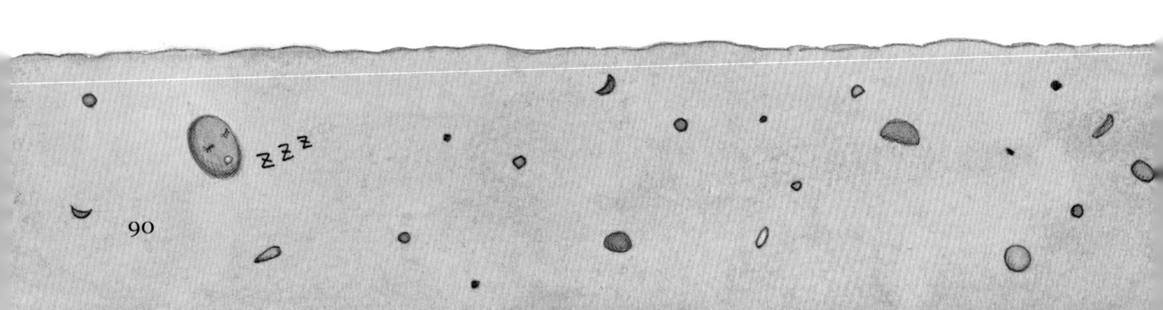

旅行总是与危险相伴。只有少数种子能在新的土地上发芽生长，绝大多数不是被吃掉就是自行腐烂。

植物们为何要将肩负繁衍重任的珍贵种子送上危险的旅程呢？

种子的深奥世界

植物与动物不同，一旦扎根就无法移动。若种子未被搬运走，而是在离母株不远的地方萌芽，那么母株与子株、子株之间就会相互争夺土壤养分、光照和水分等。为了避免这种亲子之间的竞争，开辟新的天地，植物们绞尽脑汁，通过长出“翅膀”、吸引动物等手段，确保种子被带到远处、散播四方。

一粒小种子发芽并长大，这本身就是一个奇迹。在如此微小的种子中，竟蕴藏着生命的源泉，不断上演着生命的轮回——发芽、展叶、开花、结果。

此外，小小的种子还经受得住冬季的寒冷和干燥（这对成年植物来说也是致命的），并最终顺利发芽。而且不止一个冬季，即便历经几年或几十年的漫长等待，有些种子最终也能发芽。

比如，当城中的废弃大楼和住宅一经拆除，变为空地，那里便会生出繁茂的杂草。其中一些种子的确是被风吹过来安家的，但也有些种子是在几十年前大楼和住宅建造之前，就早已被埋在地下的。

休眠的种子，敏锐地感知到光线和温度的变化。“时机到了！”种子便会立刻发芽。它拥有休眠的能力，同时也具备适时苏醒的能力。

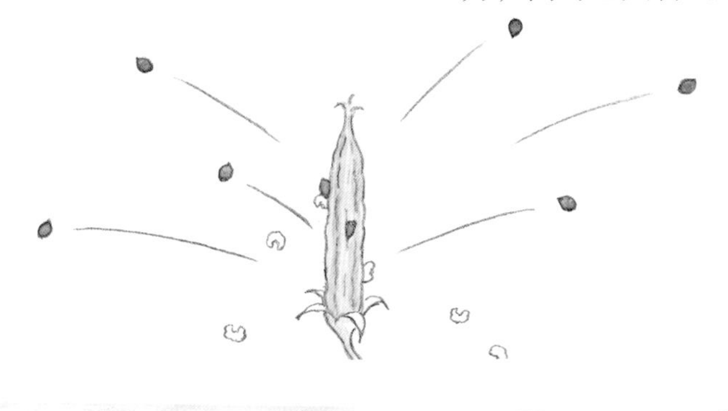

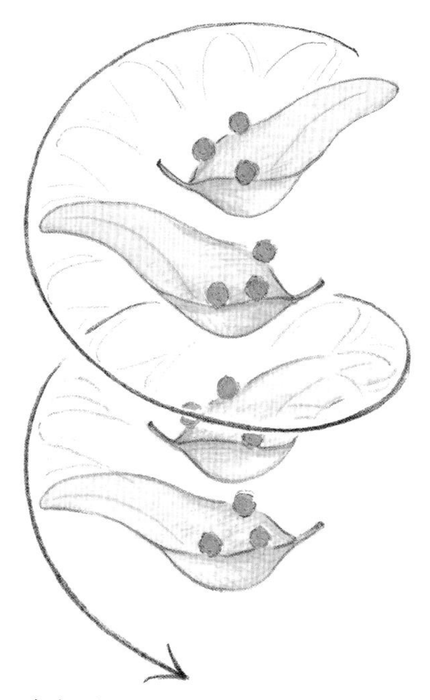

在我们脚踏的这片土地之下，也有无数种子正在沉睡。或许，那些早已被认定为灭绝物种的种子，也正悄然存活于地底。今天早晨所看到的杂草，可能是早在你出生前就沉睡于土里并等待发芽的种子所生长出来的。

成年植物、幼年植物和无数休眠的种子，在长达几十年、几百年的周期中，缓缓延续着后代。种子是跨越时空的微型胶囊，不仅能实现空间移动，还能自由跨越时间。包括人类在内的动物只能活在当下，但植物能以种子的形式将生命传递到未来。

我们的日常所见并非大自然的全貌，不论什么植物均有其神奇之处。如此转变思维后，平日里司空见惯的风景和植物，在你眼中是否变得更加耀眼夺目了呢？

山中的美味果冻

罗汉松的“果实”

开春期间，我造访了伊豆某村落一角的山神社。神社被常绿大乔木所环绕，恰好位于村落田野与深山老林的交界处，一边是人类领地，一边是神怪之乡。过去，人们向神明祈求大自然的恩赐和庇护，同时也对破坏农作物的山兽和神秘事物心存敬畏，于是建造神社，与其划清界限。山边的神社里仍遗留着古老的自然崇拜文化。

罗汉松

我在神社里捡到一个有趣的玩意，高约 3 厘米，长着绿色的脑袋、红色的身体。

这其实是罗汉松的“果实”。准确来说，红色的部分是膨大的花托，绿色的部分是种子而非果实。因为它是裸子植物，所以无果皮包被。

其圆柱形的身体呈红色，透明、柔软而有弹性，吃起来像果冻一样，香甜软滑。

如此香甜的红色果冻，是为鸟类准备的小零食。它们开心地品尝之后，会携带绿色的赠品（即种子）去别处散播。

绿脑袋是种子的主体，质地坚硬，表面有一层薄蜡，散发出树脂味，看起来就口感不佳。难怪它能够安然无恙地躲过鸟嘴。

山里的果冻散落在路上，如今都无人问津，但对过去的人们来说，或许已经是最美味的小零食了。

专栏 迷人的深蓝色宝石

麦冬的“果实”

森林里沉睡着蓝宝石。

麦冬原产于中国，是天门冬科的多年生常绿草本植物，其细叶挺立呈弧状，酷似传说中的龙或巨蟒的胡须，故在日本又名“龙须草”或“蛇须草”。

麦冬在夏秋季孕育“果实”，“果实”直径为 8 毫米，泛着深蓝色的光泽，宛如宝石青金石。它的“果实”也被称为“龙珠”，即

麦冬

龙颔下或口中的宝珠。

若想寻宝，站着俯视地面是寻不到的。弯腰拨开叶子，快看，闪耀的蓝宝石现身了，颜色可真漂亮啊！

从植物学上来说，这不是果实，而是种子。麦冬的果皮会于开花后剥落，露出种子，种子成熟时呈蓝色。蓝色部分为种皮，内部的胚乳呈现蛋白石般的乳白色，质硬且有弹性。

剥开蓝色外皮，取出乳白色珠子，用力朝石板或水泥地上一扔，看看会如何？

“咚”的一声，弹得奇高。

没错，麦冬的种子其实是天然弹力球。以前的孩童将其当作子弹塞进竹筒里打着玩。

秋日的森林中闪过一道耀眼的蓝光。宝石从地面弹起，在晴朗的天空中画出一道弧线。

五加科 常绿灌木

八角金盘

Fatsia japonica

花期 11—12 月

果期 次年 3—5 月

中文俗名：手树

八角金盘生长于温暖地带的沿海森林，耐阴，也可栽培于庭园和公园。它的名字来源于其掌状深裂的叶形。秋季，烟花般的白色花序挺立于硕大叶片的上方。果实于次年春末成熟，颜色变黑。仔细观察便会发现，黑果还顶着“灰帽子”，上面还长着几根毛。它的形状为何如此奇怪呢？

靠动物传播种子

果实直径 7~10 毫米，成熟时颜色由酒红色变为黑色。“灰帽子”是花朵产蜜的部位，顶端的毛为宿存雌蕊。果实通常含 5 粒种子，每粒长 4~5 毫米，外形略扁平。

八角金盘的花在初冬开放。白花聚生成乒乓球大小的伞形花序，再组成圆锥花序，形成繁复的结构。花的雄蕊先长出来（左圆图），待花瓣与雄蕊脱落后，雌蕊（右圆图）才长出来。花朵的上侧面逐渐变为海绵状，会分泌出花蜜。

报春花科

常绿灌木

朱砂根

Ardisia crenata

中文俗名：绿天红地、铁凉伞

花期 7 月

果期 11 月—次年 6 月

朱砂根是一种长红果的植物，常用于营造新年氛围，可药用，还可作观赏植物，果实可食用或榨油。圆溜溜的果实躲在绿叶后面，像是害羞般低垂于枝头。在日本，人们称赞其美丽的果实价值万两，故得名“万两”，与“千两”（草珊瑚）均被视为开运植物。该种曾作为园艺植物引入美国南部，受鸟类的传播作用影响大量繁殖，入侵当地的自然森林，成为棘手的外来物种。

靠动物传播种子

实际大小

朱砂根的花于盛夏时节悄然绽放，直径为 8 毫米，颜色呈白色，花冠略微下垂，花瓣向后反卷。

果实直径 6~8 毫米，呈圆球形，顶端有枯萎的宿存雌蕊。其鲜红的外观时常吸引鸟类前来采食，但由于不够美味，有时直到第二年春季，枝头仍可见其身影。或许是因为水分多、营养少，鸟类每次进食很少。不过，如此一来，种子就可少量多次地被传播到各处。种子（实为果核）直径 5~6 毫米，表面有像毛线球一样的线状纹路。

山、庭园

木樨科

常绿灌木

日本女贞

Ligustrum japonicum

中文俗名：台湾女贞

花期 6月

果期 11—12月

日本女贞是生长于温暖地带的植物，常栽培于庭园和公园。它与全缘冬青在叶形上相近，全缘冬青的日文名中有个“黐”字，而它细长发黑的果实又让人联想起老鼠屎，故在日本被称为“鼠黐”。栗耳短脚鹎喜爱它的果实，通常会在年内将其枝头的累累硕果吃光。其近缘种女贞则直到第二年春季，枝头都可见果实，看来鸟类似乎也好恶分明。

靠动物传播种子

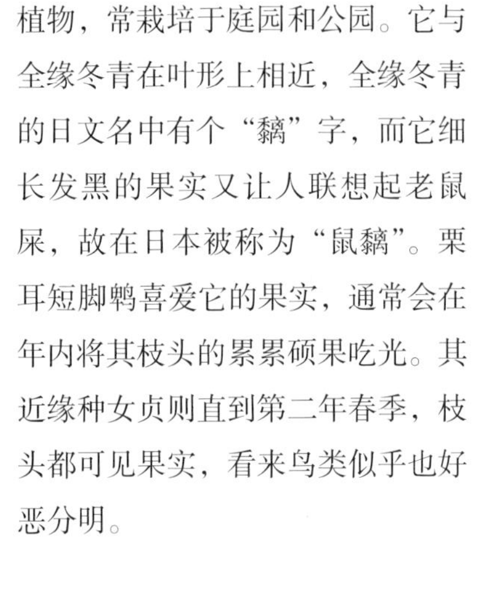

果实长1厘米左右，成熟时呈紫灰色，内含1~2粒种子，利用鸟类的采食传播种子。

木樨科植物的花多有芳香，日本女贞则不然，其花气味难闻。花直径约5毫米，花冠4裂。

中国原产的女贞是日本女贞的近缘种之一，常栽培于城市公园等处，部分地区可见野生种。花期迟于日本女贞，且花期较长，为6—7月。果实于秋季成熟，形状较圆，表面有一层白粉。种子的形状也和日本女贞存在差异。

茜草科

常绿灌木

栀子

Gardenia jasminoides

中文俗名：黄栀子、水横枝

花期 6—7 月

果期 11 月—次年 1 月

栀子广泛生长在温暖地带，可谓花香果艳，常作庭园、公园绿化树种。它的白色花朵香气怡人，朱红色的果实可提取黄色素，可用来为食物上色。栀子果实造型独特，成熟后也不开裂，在日本被命名为“无口”。日本围棋的棋盘腿就是模仿栀子果实的外形设计的，寓意“观棋不语”。

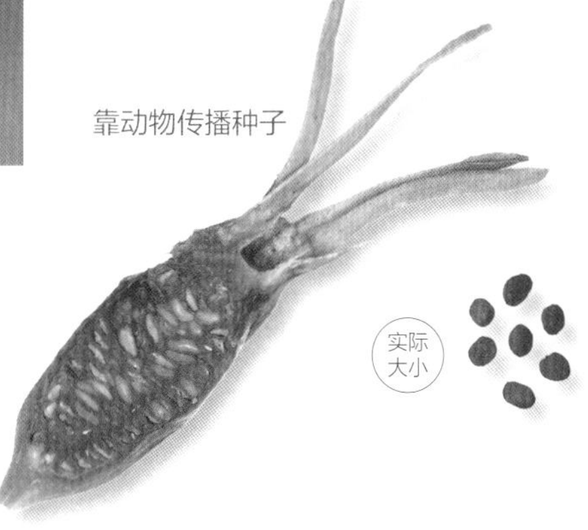

果实顶部具宿存萼片。果实成熟时，颜色变为橙色，果肉及果皮都会变软，鸟用嘴一啄就能在表皮戳出洞，然后食用里面的果肉。果肉内满布朱红色的坚硬种子。种子直径约 3 毫米，外形扁平。图片所示的果实内就含有 195 粒种子。

栀子花直径约 6 厘米，香味似茉莉花香，已培育出大花的园艺品种。与花瓣连接的结构为狭长圆筒形的冠管，用以盛放花蜜。花粉由飞蛾传播。

山、公园、庭园

唇形科

落叶灌木

日本紫珠

Callicarpa japonica

中文俗名：紫珠

花期 6—7月

果期 10月—次年1月

日本紫珠多生长于杂木林，也栽培于庭园，秋季会结出如宝石般耀眼的紫色果实。因美丽的紫色，它在日本被冠以平安时代女作家紫式部的名字。靠鸟类传播种子的果实，多为红色、黑色等具有吸引力的颜色，紫色则较为少见。日本紫珠的果实颗粒小、质地柔软，依靠暗绿绣眼鸟等小嘴鸟类的采食传播种子。

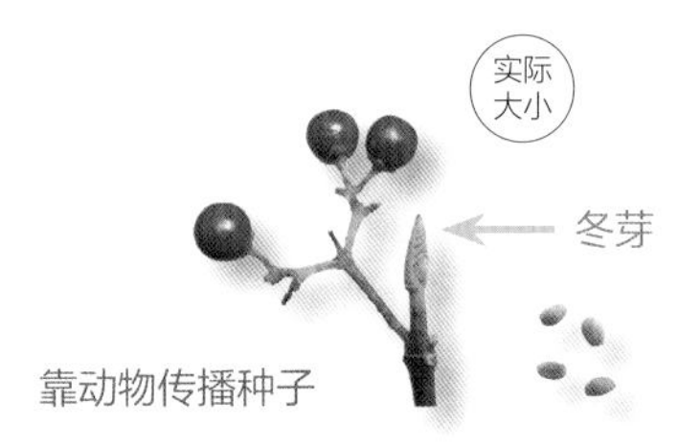

果实直径约4毫米，果肉为白色，质软，微甜。每颗果实含4粒种子（实为果核）。冬芽为只有幼叶包裹过冬的“裸芽”。具有这种特征的植物多生长于温暖地带，这就表示它们是从南方迁移过来的。

日本紫珠的花呈浅紫色，直径3~4毫米，贴着叶片绽放。它长长的雄蕊给人一种纤细的印象。该种曾为马鞭草科，在新分类系统中被归为唇形科。

市面上售卖的日本紫珠很多其实是其近缘种白棠子树（右图）。白棠子树的果实直径约5毫米，聚生于下垂枝条的上侧。

茄科

落叶灌木

枸杞

Lycium chinense

花期 7—11 月

果期 9—11 月

中文俗名：枸杞菜、狗牙子

枸杞是生长在阳光充足的草地上的灌木，高 1 米左右，原产于中国。向四面八方伸展的枝条上遍布尖锐的棘刺。枸杞为茄科的药用植物，有如红宝石般的红色果实，乍看之下似辣椒，生吃有一丝甜味和苦味。干燥后的果实是日本市面上常见的食品，可用于烹饪和泡药酒。它的嫩叶也是一种好吃的野菜。中国人常吃的是宁夏枸杞，没有苦味。

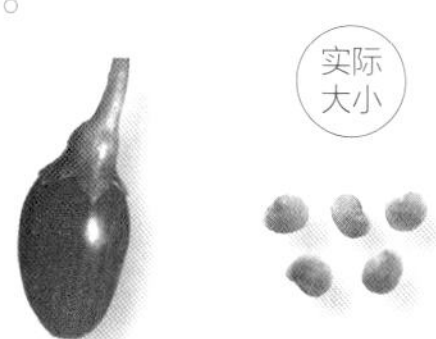

靠动物传播种子

果实长 1~1.5 厘米，其内部构造与小番茄如出一辙：柔滑多汁的果肉间充满了种子。种子直径 2.5 毫米，扁平。每颗果实含数粒到十数粒种子，食用时会随果肉一起滑入口中。野生枸杞利用鸟类的采食传播种子。

枸杞的花呈美丽的紫色，从夏季接连开放至秋末。花直径约 1 厘米，花冠 5 裂，平展，5 根雄蕊外伸。开放后，花会变成浅褐色。

白英为茄科的藤本植物，生长于山中。它的圆果与枸杞相似，但有毒，不可食用。

山、路旁

泡桐科　　　　　　　　　　　　　　　　　　　　　　　　落叶乔木

毛泡桐

Paulownia tomentosa

中文俗名：紫花桐

花期 5 月

果期 11 月—次年 1 月

毛泡桐原产于中国南部，宜作行道树、庭荫树，是四旁绿化的优良树种，以前作为制作衣柜等家具的材树栽培于村庄。其轻如灰尘的种子可乘风飘散到远方，幼苗茁壮成长，生出硕大的叶片。它的生存策略是：将无数种子散播出去，迅速占领光照条件优良的土地，以此提高发芽率。图片拍摄于夏季，同时可见当年的幼果（绿色）和前一年已经开裂的果实（褐色）。

嫩果

5 月，毛泡桐的枝顶挺立着高约 50 厘米的大型圆锥花序。花长 5~6 厘米，于展叶前绽放，呈现漂亮的浅紫色，从远处看也十分醒目。

成熟的果实从顶部开裂，里面的种子四处飞散。

靠风力传播种子

果实长 3~4 厘米。从图片（剖面）可看出，其内部分为两室，均被小种子所填满。秋季，果实变干硬，从顶端开裂成两瓣，风一吹，种子便会随风飘散而去。种子长 3~4 毫米。

肉眼看上去，种子就像灰尘一般，但用放大镜观察，又会令人大吃一惊。它的边缘长着两三层蕾丝花边般的种翅，如同芭蕾舞演员的裙摆，非常漂亮。

荚蒾科

常绿小乔木或灌木

珊瑚树

中文俗名：极香荚蒾、旱禾树

Viburnum odoratissimum

花期 6月

果期 8—10月

珊瑚树常栽培于庭园和公园。在中国，分布于福建、湖南、广东等地，为常见的绿化树种。其光亮厚实的叶片含水量高，不易燃，作绿篱时兼具防火功能。其红果形似珊瑚珠，因而得名“珊瑚树”。从8月到10月，果实会一直保持美丽的色彩。不过，红色其实是未成熟的象征，此时的果实质硬且味涩。待到完全成熟后，果实颜色会变黑，质地变柔软，口感变酸甜。鸟类会专挑黑果啄食，逐一将成熟的种子叼走。

珊瑚树与荚蒾同属，白色小花聚生为长15厘米左右的圆锥花序，吸引熊蜂和青凤蝶前来采蜜。叶片光亮，富有美感，但常被昆虫蛀食，从而出现许多小洞。

靠动物传播种子

果实长7~9毫米。未熟果为红色，长存于枝头，于秋季逐渐成熟。成熟的黑果会被眼尖的鸟类挑出来吃掉，因此一眼望去枝上尽是红色果实。熟果呈黑色，一目了然；未熟果和果序轴为红色，十分醒目。这无疑是珊瑚树巧妙的生存智慧。果实内含1粒种子（实为果核），长6毫米，质地坚硬，侧边有一条深腹沟。

棕榈科　　　　常绿乔木

棕榈

Trachycarpus fortunei

中文俗名：棕树

花期 5—6月

果期 11月—次年2月

棕榈生长在亚热带，与椰子有亲缘关系。叶片直径达80厘米，裂片深长，特征明显。在中国，分布于长江以南各省区，是庭园绿化的优良树种。棕榈通常是雌雄异株，雄花花蕾乍看之下好似鲱鱼籽。果实直径约1厘米。栗耳短脚鹎最爱吃这些迷你“椰子”，因为它们吃下果实并四处散播种子，现在城市近郊也能看到野生棕榈。

靠动物传播种子

成熟的果实（左）长1厘米左右，表面覆盖一层白粉。黏稠的果肉中含1粒坚硬的种子（右）。主要依靠栗耳短脚鹎的采食传播种子。

处于花期的棕榈雄株（左）和雌株（右）。在少数植株上能看到同时具雌蕊和雄蕊的两性花。树干表面的网状粗纤维可用来制作园艺用的棕绳或棕毛刷。

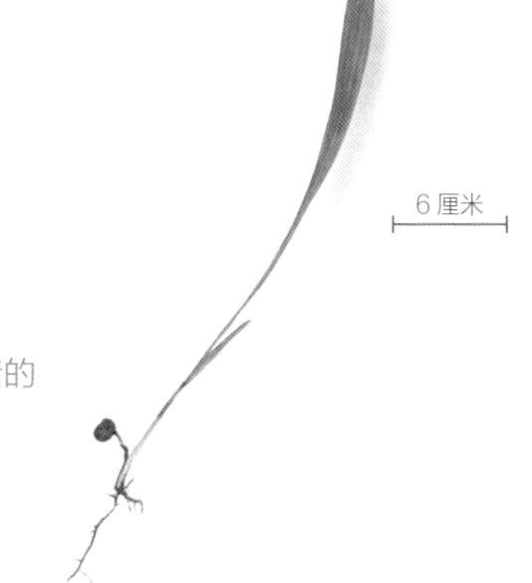

刚发芽的棕榈。新叶不分裂。在光线昏暗的森林亦能良好生长。

庭园、绿化带

专栏 种子和克隆

除了移动和休眠能力，植物与动物之间还存在其他差异——植物可以制造自己的分身，即克隆（无性繁殖）。就像能从指尖生出孩子一样，植物可以将身体的一部分变成球根、块茎、珠芽、匍匐茎，从而成长为新的个体。许多多年生草本植物，如马铃薯等，就是采取这种方式繁殖的。在树木中，也有像野梧桐和刺槐一样，从根系中生长出不定芽进行繁殖的树种。借助这种能力，外来物种刺槐在短时间内就能从一棵树繁育出一片森林。

克隆是一种非常便捷的繁殖方式。有性繁殖需经历开花结果的过程，必须耗费大量精力来招引昆虫授粉、传播种子。若采取克隆

生长于路旁的野梧桐。种子被鸟类传播到这里，它便从沥青路面的缝隙中发芽了。

盛放于深山山谷中的刺槐花。该种通常被称为“洋槐”，属蜜源植物，但由于无性繁殖速度过快，在日本已被视为外来入侵物种。

从刺槐根部新生的新芽在杂草丛中繁茂生长。

的繁殖方式，植物就可以不断产生大量后代。由于没有雌雄之分，繁殖速度自然也就更快。

那植物为何还要费劲地生产种子呢？

种子繁殖有两大优势：一是可以利用种子穿越时空，实现大范围地扩充种群；二是经历开花、授粉后孕育出的种子，可产生具有多样性的后代，从而具备更为强大的适应能力，能够在时刻变化的环境中生存下来。

这就是植物开花、结果和传播种子的原因。

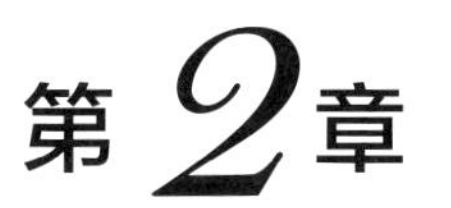

第2章

大自然中的树木果实、种子

胡桃科

落叶乔木

胡桃楸

Juglans mandshurica

中文俗名：核桃楸

花期 4月

果期 9—10月

胡桃楸是一种生长在树林和水边的野生胡桃。果实外覆绿色厚皮，成熟后从树上掉落，而后外皮腐烂，坚硬的果核从中滚落而出。其外壳比人工培育的胡桃更厚，难以敲碎。森林里那些拥有坚固牙齿的松鼠和老鼠，会咬破硬壳吃掉果仁，将其中一些运走并埋进土里，协助传播种子。水边生长的胡桃楸则通过水流传播种子。

从上向下依次为：包被厚外皮的果实、剥去一半外皮的果实、硬壳果核、剥去一半外壳的果核。储存脂肪的子叶受多重保护，这些脂肪是新芽突破落叶层进而成长壮大的能量来源。大林姬鼠和松鼠会将果核带走并埋藏，其中一部分未被吃掉，就会在土里发芽。

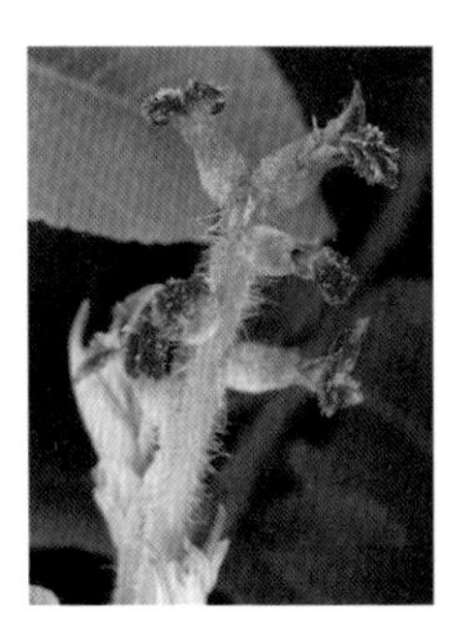

胡桃楸的雄花（左）和雌花（右）。雄花聚生成长长的花穗，垂挂于枝头，通过风力传播花粉。雌花的红色柱头皱卷着向外伸展，接收飞来的花粉。

桦木科

落叶乔木

日本桤木

Alnus japonica

中文俗名：赤杨

花期 12 月—次年 2 月

果期 次年 10—12 月

那是手指大小的迷你松果吗？不是，明显叶子和松树的不一样。这是日本桤木，一种生长在水边的落叶树。我们看到的其实是果穗，也就是果实的集合体。跟松果一样，其果穗遇水闭合，干燥的时候就会张开，向外散播坚硬的“种子”。在嫩绿的果穗孕育期间，上一年的老果穗仍宿存于枝头，随环境的干湿变化而反复开合。

靠风力传播种子

冬季，雄花于枝头聚生成下垂的长穗。它是风媒花，会释放大量花粉，引发花粉症。雌花为朝上的短穗，伸出红色柱头接受花粉。

上图为像松果一样的干枯果穗，长 1.5~2.5 厘米。从缝隙中掉落的“种子”实为果实。果实长 3~4 毫米，外观扁平，借助风力或水力传播。果穗不易破坏，被用来制作圣诞节装饰，亦可作天然染料。

顺水漂流的种子

有些种子借助水流的力量，开启生命之旅。

某些种子外覆轻盈的木栓层，可储存空气，使自己漂浮于水面，有时甚至能随洋流漂流，抵达数千千米之外的海岸。

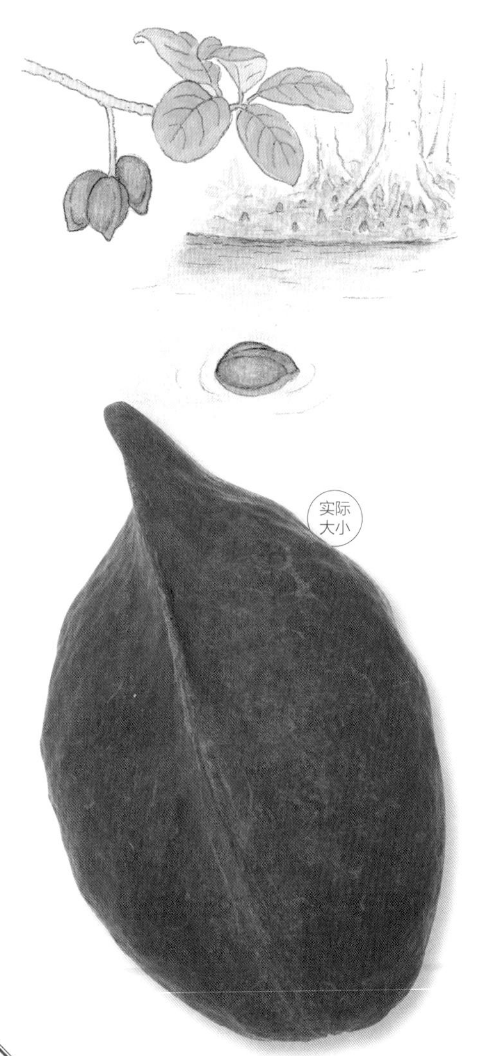

银叶树

生长于亚热带地区的水边。果实的外形令人联想起奥特曼，硬壳内部充满空气，可漂浮于水面，或顺流而下，或随潮水的涨退四处漂流，到达新的岸边，在泥土中生根发芽。种子甚至可以漂洋过海，到达海洋的对岸。

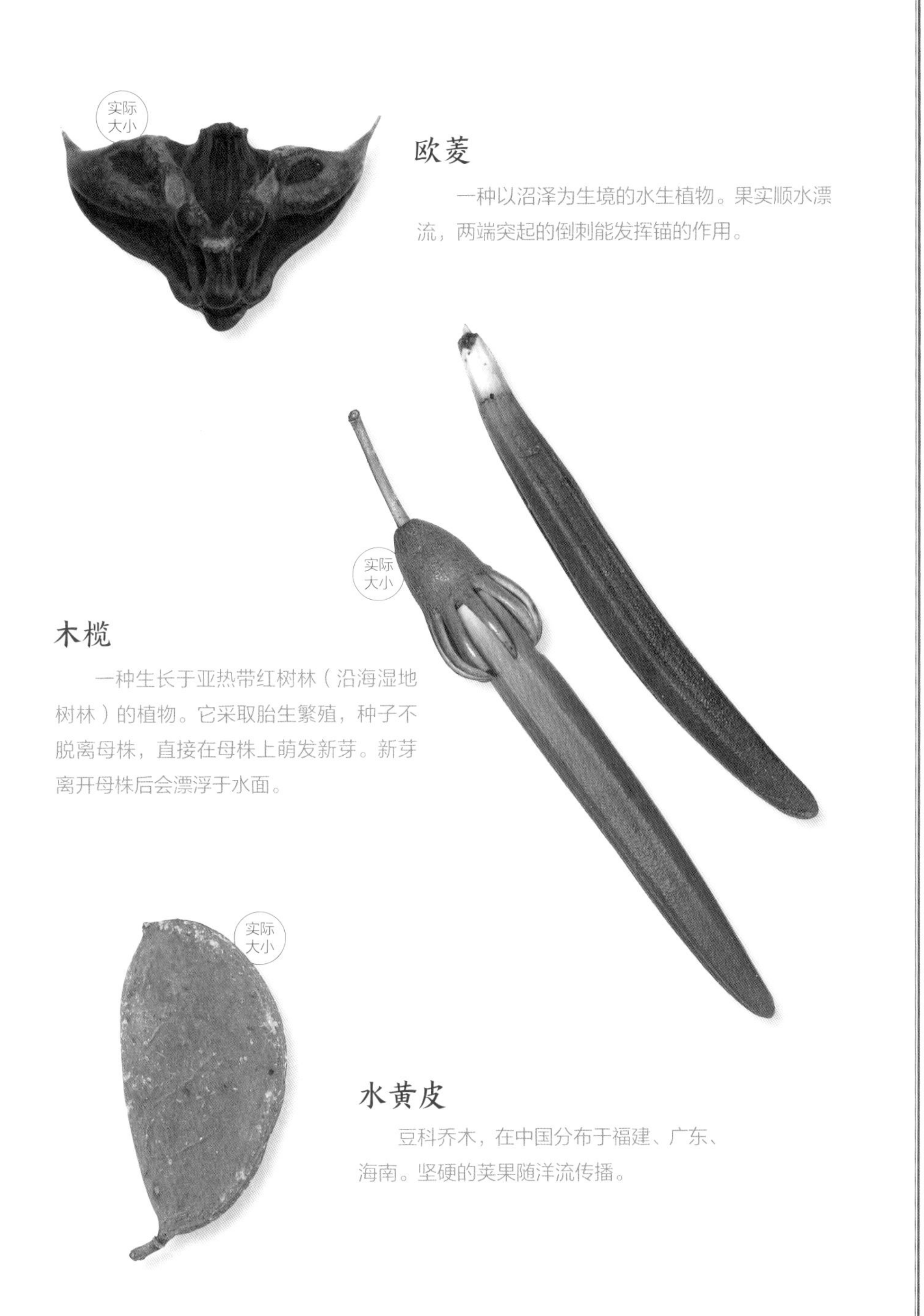

欧菱

一种以沼泽为生境的水生植物。果实顺水漂流，两端突起的倒刺能发挥锚的作用。

木榄

一种生长于亚热带红树林（沿海湿地树林）的植物。它采取胎生繁殖，种子不脱离母株，直接在母株上萌发新芽。新芽离开母株后会漂浮于水面。

水黄皮

豆科乔木，在中国分布于福建、广东、海南。坚硬的荚果随洋流传播。

桦木科

落叶灌木

日本榛

Corylus sieboldiana

中文俗名：角榛

花期 3—4 月

果期 9—10 月

日本榛原产于日本，走在山间林道边，有时可见这种形状奇特的果实。在中国，西安植物园已引种栽培。长角的果实聚生在一起，垂挂于枝头。秋季，果实成熟后会成簇掉落于地。该种其实是欧榛（榛子）的近缘种，褪去毛茸茸的“外衣”和坚硬的外壳，里面就是美味的坚果。在山上，松鼠和老鼠会将果实作为冬粮运走并储存，被遗忘的那些种子就会发芽。

靠动物传播种子

早春，花于展叶前开放。雄花为风媒花，聚生成长长的花穗，垂挂于枝头。着生于枝顶的红色短穗则是雌花。

果实于秋季成熟，2~5 颗成簇掉落于地。覆有刚毛的外皮为果苞，是由苞片变形而成的袋状结构，包裹住带有硬壳的果实。和橡子一样，坚果的尾部也有一个小蒂，这是宿存维管束，果实曾通过它从母株获取营养，也就是“肚脐眼”。敲开果壳，内部是香醇可口的果仁。

桑科

天仙果

Ficus erecta

落叶小乔木或灌木

中文俗名：矮小天仙果、牛乳榕、假枇杷果

花期 全年（雌株 5—8 月）

果期 8—10 月

天仙果是生长在山中的树种，与无花果有亲缘关系。左图为雌株的黑色熟果，味道甘甜，可食用。但注意不要误食雄花序，因为花序中生活着它的重要伙伴——榕小蜂。天仙果为榕小蜂提供雄花序作育儿室，榕小蜂则将花粉送至刚开放的雌花序内部。两者属互利共生关系。

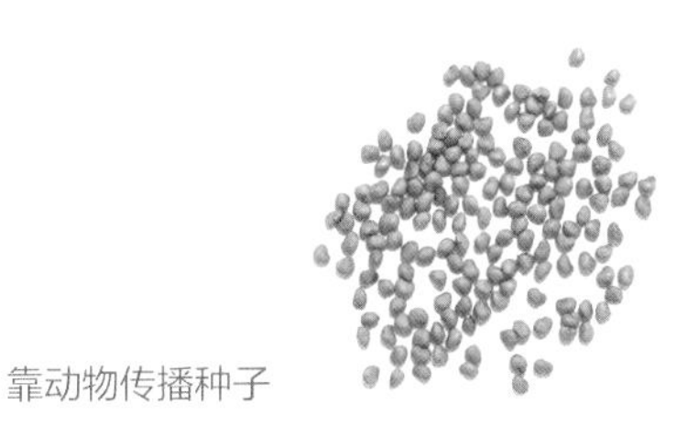

靠动物传播种子

雌株的熟果。果实直径 1.5~2 厘米，虽尺寸较小，但内部形态和味道均与无花果无异。鸟类和猴子都喜欢吃它的果实。

这是雄株上的雄花序，而非果实。雄花序为红色，顶端开口，表明现在正值榕小蜂携带花粉羽化而出的时期。

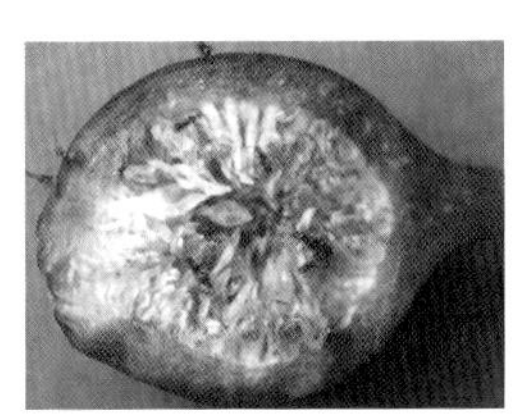

雄花序的剖面。榕小蜂在其内部羽化，携带花粉从开口飞出。

桑科　　落叶小乔木或灌木

鸡桑

Morus australis

中文俗名：山桑、小叶桑

花期 4月

果期 6—7月

鸡桑是桑的野生近亲。颗粒状果实组成聚花果，外形酷似悬钩子属植物的果实[①]，于初夏成熟变黑。熟果甘甜可口，但会将口舌染成紫色。果实未熟时呈红色，随着时间逐渐变黑，因此枝上红黑相间，可产生双色效应，在鸟类眼中更为醒目，同时方便它们挑拣熟果。掉落到地面的果实则会被貉等动物毫不犹豫地吞进肚子。

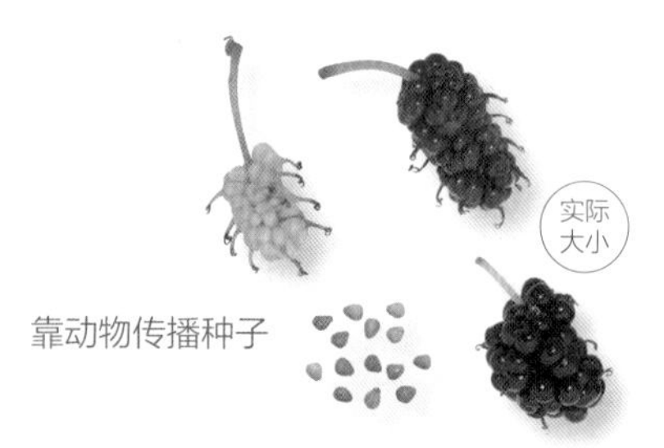

聚花果长 1~1.5 厘米。果实在成熟过程中由白变红，最后变为黑色。雌蕊的花柱呈长须状突起，宿存。种子（实为果核）微小，长 1.5 毫米，可以轻松躲过动物的利齿。

鸡桑有三种类型的植株：雌株、雄株和两性株。①为雌株；②为雄株，不结果。雌花（左）上的白丝为雌蕊柱头，绿色小粒将来发育膨大为果实。

桑树原产于中国，栽培用于养蚕和食用。聚花果长 1.5~2.5 厘米，柱头较短。初夏时果熟变黑，味道甘甜。

①仅外形相似，悬钩子属为聚合果。

檀香科

常绿灌木（寄生）

槲寄生

Viscum coloratum

中文俗名：黄果槲寄生

花期 3—4月

果期 11月—次年3月

槲寄生为寄生植物，寄生在其他树上生活。临近冬季，寄主树的枝顶就会挂上耀眼的半透明黄果。太平鸟非常喜欢这种果实，会连日群集采食。不过，槲寄生的果实含黏性物质，致使鸟粪也呈黏稠状，悬挂在鸟屁股上。与粪便一起被排出的种子一旦黏附到寄主树的枝条上，便又会萌发出新的槲寄生。

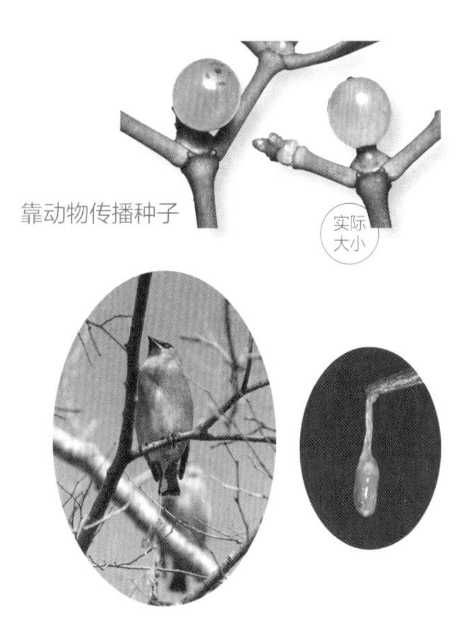

果实直径约8毫米。在半透明、像果冻一样甘甜的果肉中，有1~2粒强黏性种子。夹住种子可拉出长长的黏丝。上图为餐后休憩的小太平鸟，没有消化掉的种子像拉着丝的纳豆一般，悬挂在它的屁股上。

槲寄生扎根于落叶树的枝上，靠夺取水和矿物质维生。其外观呈球形，直径可达1米，在冬季十分醒目。除图中的榉树外，它还寄生于圆齿水青冈和白桦。槲寄生为雌雄异株，雌株孕育果实，花朵不起眼。

檀香科　　落叶灌木

米面蓊

Buckleya henryi

中文俗名：羽毛球树

花期 5—6 月

果期 11 月

米面蓊是一种寄生于其他树木根部的半寄生植物，常见于干燥的山脊小路边，在中国分布于陕西、安徽、浙江、河南、湖北等地。秋季果实成熟，垂生于枝头，被寒风吹落后，便在空中旋转飘舞。米面蓊为雌雄异株，仅雌株孕育果实。

米面蓊于初夏开花。雄花和雌花均为绿色，不起眼。花着生于下垂新枝的先端，雌花（左）单生，雄花（右）多个簇生。花直径约 5 毫米。雌花具 4 枚苞片，将来发挥翅膀的作用。

米面蓊的熟果。果实主体长约 1 厘米，顶端有 4 根长约 2.5 厘米的“羽毛”，由苞片变形而来。

由动物搬运的种子（2）

一些植物会有意让动物吃掉自己的果实，以借助其力量传播种子。

在空中飞行移动的鸟类是最理想的种子传播者。

它们视力佳，但嗅觉差。

于是，植物将种子藏在美味的果肉中，用醒目的色彩吸引鸟类前来。鸟类吃下果实后，会前往别处，通过排便将种子排出体外。

不过最好不要一次性把种子全部带走，而要一点一点地带走。

果实的巧妙设计

美味的果实

美味的果实不会一次性全熟。一点一点慢慢地成熟、变色，鸟类就能准确地找到熟果。

难吃的果实

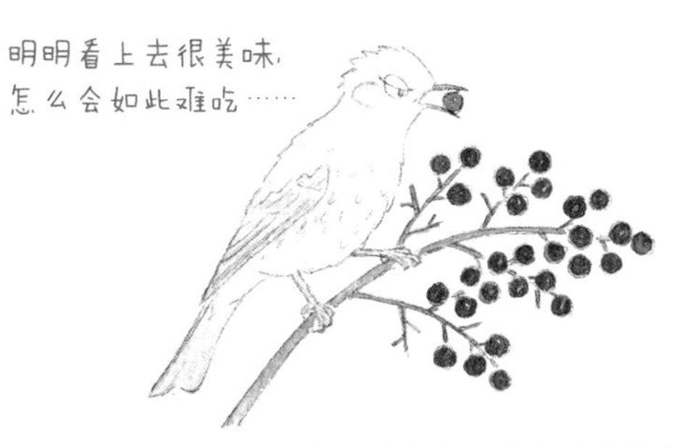

只要果实里含有少量毒素或比较难吃，鸟类便会在没有其他选择的情况下，采取少量多次的进食方式，将种子散播到各处。

忍冬科 落叶灌木

温州双六道木

Diabelia spathulata

中文俗名：温州六道木

花期 5—6 月

果期 9—11 月

温州双六道木是一种小型树木，生长于阳光充足的杂木林。初夏，枝头可见乳白色的花朵向下绽放。花朵凋谢后，5 枚萼片宿存，发育成帮助果实乘风飞行的“螺旋桨”。嫩果着生于枝上，就像一朵朵盛开的星形花。

靠风力传播种子 实际大小

5 枚“桨叶”由萼片变形而成。成熟的果实主体长约 13 毫米，一旦脱离枝头，便会以惊人的速度旋转降落。

花于初夏开放。吊钟状花冠成对垂生于枝头。花瓣内侧的黄色网状纹路是引诱蜜蜂的标记。果实其实长在萼片下方，花期时易被误认为是花柄。

大花六道木（又名大花糯米条），六道木属的园艺品种，也有白色的花朵。羽状萼片为 2~5 枚。它是种间交配形成的杂交品种，果实无法孕育种子。

日本新年游戏板羽球的羽毽，是在无患子的黑色种子上插上羽毛制成的。游戏方式是使用木板相互击打羽毽。米面蓊和温州双六道木的果实形态与此羽毽颇为相似，故两者的日文名均源自它。

五味子科

常绿藤本

日本南五味子

Kadsura japonica

中文俗名：红骨蛇、美男葛

花期 8—9月

果期 10月—次年1月

日本南五味子生长在温暖地带的树林里。它的叶片质厚有光泽。因观赏价值高，也可栽作庭园观赏树或绿篱。五味子科属于较原始的被子植物类群，单朵雌花有许多雌蕊。所有雌蕊会逐一发育为果实，最终聚集形成一颗聚合果。

日本南五味子为雌雄异株。雌花（左）中心生有许多绿色雌蕊，群生成球形，经一一授粉发育，形成球形聚合果。雄花（右）的雄蕊为红色或黄色，同样群生为球形。直径约为1.5厘米。

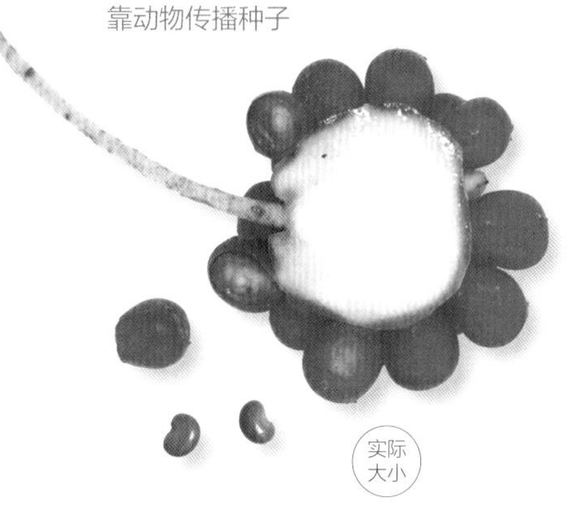

聚合果直径3~4厘米。图片为剖面。切开果实可见柔软的球形基部（果托），其红色表皮上着生有红色果实。果实直径约8毫米，可见其内部的浅褐色种子。鸟类食用完果实后会留下红色的果托。

山、庭园

木通科　　　　落叶木质藤本

三叶木通

Akebia trifoliata

中文俗名：香蜜果、中华圣果

花期 4—5 月

果期 7—8 月

秋季一到，商场的水果销售区就能见到三叶木通的紫色果实。三叶木通，原产于中国和日本，分布于山东、甘肃、河北、河南等地。它是木通属植物，叶片由 3 片小叶构成，故得名“三叶木通”。近缘种木通的叶片则由 5 片小叶构成，果实也同样美味可食。果实成熟后，果皮开裂，露出内含黑色种子的白色果肉。果肉口感似果冻，冰凉甘甜，十分可口。人类吃这种水果时通常会把种子吐出来，而其他动物则会把种子和果肉一并吞下，并在某处将种子随粪便排出体外。

花呈深褐色，聚生为总状花序，花序基部的大花为雌花（右），1~3 朵簇生；雄花（左）则较小，十数朵聚生于花序顶端。雌花具多个雌蕊，单花也可孕育多个果实。

木通的叶片为复叶，具 5 片小叶。果实成熟后泛白，果肉甘甜可口。果皮也可食用。雄花比雌花小。

靠动物传播种子

为三叶木通传播种子的主要为擅长爬树的猴、熊和貂。不过熊和猴食量大，一次会带走大量种子。于是，种子便从边缘处分泌出能吸引蚂蚁的胶状物质。蚂蚁会将这些随着粪便一同被排出的种子再搬往别处。

猕猴桃科

落叶藤本

软枣猕猴桃

Actinidia arguta

中文俗名：软枣子

花期 5—7 月

果期 10—11 月

软枣猕猴桃就是一口大小的迷你猕猴桃，虽被包装成网红水果，但它原本是一种生长在山中的野果，俗称“软枣子”。该种与美味的猕猴桃有亲缘关系，两者的味道和气味极为相近。在山中，猴和熊会吃下它的果实，经粪便排出种子。不过，大食量的动物一次就能吃下许多果实，并将种子集中排出体外，导致大量种子被传播到同一场所。如何才能阻止这种情况发生呢？

靠动物传播种子

软枣猕猴桃为雌雄异株，偶为雌雄同株或杂性。花直径约 1.5 厘米。左图显示的是两性花，可孕育果实。

葛枣猕猴桃为软枣猕猴桃的近缘种，又名“木天蓼”，对猫有特殊的吸引力。果实在秋季成熟，呈朱红色，有辛辣味。

果实长约 2 厘米，非常美味。不过，它含有一种能分解蛋白质的酶，过量食用将导致舌头上的蛋白质被分解，进而失去甜味感知能力，越吃越难受，只得停下。番木瓜和凤梨也含有同种酶，对大食量的猴子起到限制作用，防止其单次食用过量。种子很小，可以躲开动物的牙齿。

蔷薇科

落叶灌木

日本木瓜

Chaenomeles japonica

中文俗名：日本海棠、和圆子

花期 4—5 月

果期 10—11 月

日本木瓜，原产于日本，多生长在山村小道或杂木林中，因其花具观赏价值，亦作庭园观赏树栽培。在中国，陕西、江苏、浙江的庭园常有栽培。它与原产中国的园艺品种“皱皮木瓜（贴梗海棠）”相似，又如草一般生得低矮茂密，故在日本被称为“草木瓜”。因果实形状似梨，又被称为“地梨”。春季，朱红色的花朵成簇绽放。秋季，乒乓球大小、外表凹凸不平的果实挂满枝头，散发出清香。

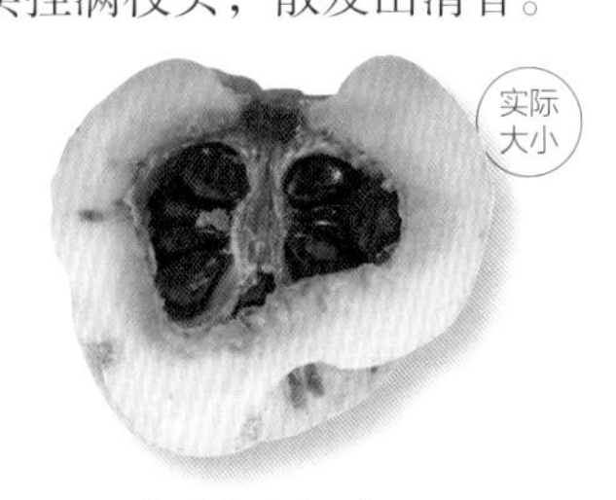

靠动物传播种子

果实为不规则球形，直径 3~4 厘米，香气怡人。果肉酸、涩、硬，不可生食，宜用于制作果酱和果酒。

植株高 30~100 厘米，枝条匍匐伸展，遍布细刺，尖锐扎手。花呈鲜艳的朱红色，直径约 3 厘米。

木瓜是日本木瓜和皱皮木瓜的近缘种，三者的果实都是一簇一簇地挂在枝上，且都外表凹凸不平。果实长约 15 厘米，具芳香，可用于制作果酱和果酒。花朵为粉色，直径 3 厘米。

蔷薇科

落叶攀缘灌木

野蔷薇

Rosa multiflora

花期 5—6 月

果期 9—11 月

中文俗名：蔷薇、多花蔷薇

野蔷薇生长在野地和水边。枝上有尖锐的小刺，若不小心被钩到，便会受伤流血。虽然俗话说美丽的花朵都带刺，但野蔷薇花纯洁美丽、清香四溢，其成簇绽放的模样着实招人喜爱。秋季，枝头挂上如红宝石般美丽的果实，吸引斑鸫和北红尾鸲等小鸟前来采食，为其传播种子。

花于初夏开放，香气怡人，直径约 2 厘米。野蔷薇是现代人工栽培的蔷薇的原始野生品种之一，在培育簇生花品种方面发挥了重要作用。

果实直径 5~9 毫米，为萼筒发育膨大所形成的假果。顶端的须状突起是雌蕊柱头，柱头基部的环状物为萼片或花瓣的着生痕迹。假果内含 1~12 颗瘦果，而非种子。种子位于极薄的果皮内部。

蔷薇科

落叶灌木

掌叶覆盆子

Rubus chingii

中文俗名：牛奶母、大号角公

花期 3—4 月

果期 5—7 月

掌叶覆盆子是一种生长在山中的野生覆盆子。它在灌木丛中繁茂生长，虽生有尖锐的皮刺，扎到手会很疼，但果实十分美味，受到人与其他动物的青睐。它的果实吃起来甜美、柔软，刚好一口大小，连雏鸟都能轻松叼走。它的种子（实为果核）还能顺利地从猴、熊、貂等动物的利齿间滑过。尽管它锋利的皮刺具有攻击性，但美味的果实又展现出它友好的一面，吸引着森林中的鸟类和动物。

早春，直径约 3 厘米的白花垂生于枝头，婀娜多姿，极有韵味，然枝上具尖锐皮刺，令人生畏。食蚜蝇和甲虫无法在朝下绽放的花上驻足，只有腿部强劲有力的熊蜂才能吊挂在花上吸食花蜜。

靠动物传播种子

果实直径约 1.3 厘米，成熟时呈橙色，味甜可口。与覆盆子一样，许多果实聚生于果托，形成聚合果（聚合核果）。我们通常所认为的“种子”，在植物学上应归为“核”，其长度为 2 毫米，表面具网状皱纹。

蔷薇科　　落叶小乔木

七灶花楸

Sorbus commixta

中文俗名：欧洲小花楸

花期 5—7 月

果期 10—11 月

七灶花楸生长在日本北方地区和高山上，因秋叶具观赏价值，多作园景树和行道树栽培。在中国未见分布。秋季，果实成熟后呈鲜红色。经历霜打雪压，果实会枯萎，但仍宿存于枝头，等待鸟类到来。果肉具有强烈的苦味，不仅人类不愿品尝，就连鸟类也不喜食。树干坚硬，在日本有“七度入灶尚燃不尽”之说，其名由此而来。

初夏，在生有羽状复叶的枝头，直径约 8 毫米的花密生成簇。花形虽美，却有臭味。

果实直径 5~7 毫米，内含 2~5 粒长 3~4 毫米的种子。虽然从颜色和形状来看似迷你苹果，但它含氰化物，味苦，不可食。这是七灶花楸为防止果实被鸟类一次性大量采食而采取的生存策略。为有效利用果实，人们研究了去除其涩味的方法，不过目前只能用来酿造果酒，还无法制作果酱。箭头所指为霜冻过后的枯果。

山、公园、路旁

卫矛科

落叶藤本

南蛇藤

Celastrus orbiculatus

中文俗名：蔓性落霜红

花期 5月

果期 11—12月

南蛇藤生长在阳光充足的山中，因叶片形似梅叶，在日本被称为“蔓梅拟”。花于初夏开放，虽外观朴素，但到秋季便会孕育出黄色果实。果实成熟后裂为3瓣，露出鲜艳的朱红色种子，十分醒目。这对鸟类来说具有强烈的吸引力，仿佛在发出用餐邀请。种子藏在朱红色的肉质外皮里，表面光滑，可轻易从鸟类体内排出。

南蛇藤为雌雄异株，雄花（上）和雌花（下）均为黄绿色小花，直径6毫米，不显眼。叶片虽与梅叶相似，但后者属蔷薇科。

果实呈球状，直径6~9毫米，具宿存雌蕊柱头。秋末，果实成熟变为黄色，外皮裂成3瓣朝外翻卷，露出鲜艳的朱红色“佳肴”来招待鸟类。这是名为“假种皮”的结构，是种子表面覆盖的一层富含油脂的柔软肉质组织。种子主体长约3.5毫米。

卫矛科

落叶灌木

卫矛

Euonymus alatus

中文俗名：鬼箭羽

花期 5月

果期 10—12月

卫矛是一种低矮灌木，自然生长在阳光充足的山中，也栽培作庭园观赏树或绿篱。因其优美的秋叶可媲美锦缎，故在日本被称为“锦木”。秋季，可见石灯笼造型的可爱果实缀满枝头。那看着像斗笠或帽子的部分，实为开裂的果皮。果实成熟后会开裂，酒红色的果皮卷成细筒状，露出朱红色的种子垂挂在枝头，等待鸟类食客的到来。

果实垂生于枝头，果皮开裂后卷起，变为酒红色，露出朱红色的种子。单花偶尔孕育双果，形如一对花生仁，如此便产生了如箭头所指的结构：帽子似的果皮下方连着两粒种子。种子外覆油脂丰富的红色肉质假种皮，是招待鸟类的佳肴。种子主体长 3~4 毫米。

卫矛花于初夏绽放，直径 6~8 毫米，为黄绿色。4 枚花瓣平展，呈十字形。枝条上长有木栓翅。

枝条上没有木栓翅的品种称为“无翅卫矛”（圆图所示）。该种与卫矛在花和果实上均无差异。

卫矛科　　　　　　　　　　　　　　　　落叶小乔木

西南卫矛

Euonymus hamiltonianus

中文俗名：秆砣木

花期 5月

果期 10—12月

西南卫矛棱角分明、饱满鼓胀的珊瑚色果实于秋季成熟开裂，露出朱红色的“宝石”，吊挂于枝头。包裹种子的朱红色半透明结构，是母株准备的营养丰富的“果冻”，用于招待鸟类。“果冻”被鸟类食用后，种子自然而然就随之被传播至各处。西南卫矛多生长在深山的杂木林中，也可作庭园观赏树栽培。其枝干柔软，可塑性强，过去常用于制作弓箭。

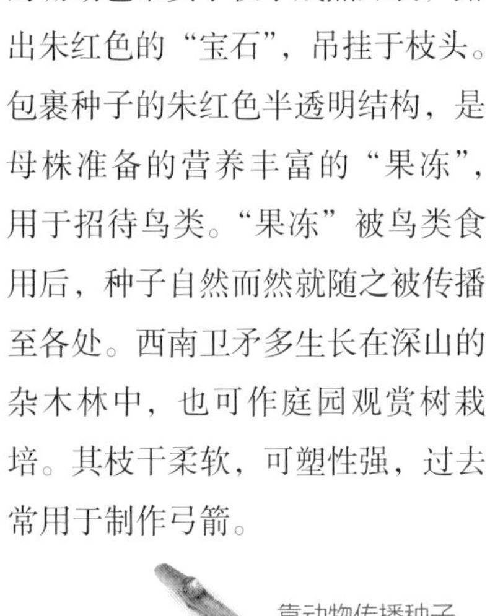

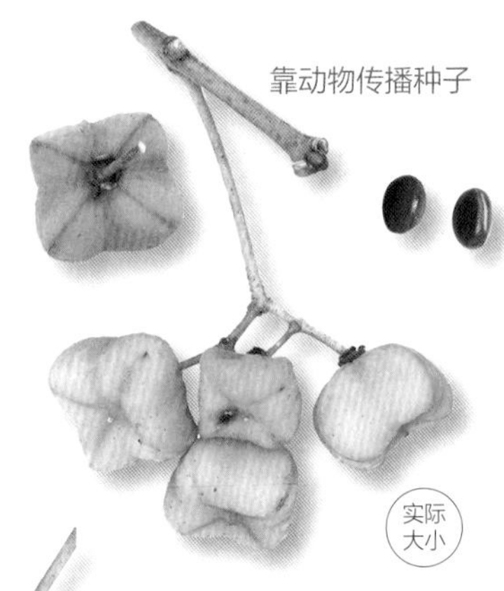

西南卫矛的花于初夏盛开，直径1厘米，呈浅绿色，不显眼。不同植株的雌蕊长短不一，长雌蕊个体的结实率更高。

果实直径1~1.5厘米，有棱，成熟时4裂。种子一半以上被朱红色、半透明的肉质假种皮所覆盖。假种皮富含油脂，是鸟类喜爱的食物。剥开假种皮，真正的种子便会现身，长度为5~6毫米。

省沽油科

落叶小乔木或灌木

野鸦椿

Euscaphis japonica

中文俗名：红椋、酒药花

花期 5月

果期 9—10月

秋季，野鸦椿会染上美丽的红黑双色。红色袋状果皮开裂后，会露出乌黑发亮的“果实”。但这其实是一场骗局，黑果是植物用来迷惑鸟类的假浆果。野鸦椿可栽培作观赏植物，也可入药。

靠动物传播种子

花于5月左右绽放，呈黄绿色，不显眼。雌蕊基部3裂，发育膨大，至多形成3个袋状果实。

厚果皮呈红色，开裂后露出黑色的种子。红黑两色的组合可以产生醒目的对比效果，吸引鸟类的注意。黑色的种子看上去就像美味的浆果，实则是一种伪装。散发光泽的不过是一层薄而干的假种皮，内有坚硬的种子。鸟类吃下种子后无法消化，最终只能直接将其排出体外。

省沽油科 **落叶灌木**

省沽油

Staphylea bumalda

中文俗名：水条

花期 5月

果期 9—11月

省沽油是一种生长于山涧边的灌木，于春季绽放清秀的白花，形态优美。从夏到秋，枝头可见鱼尾状的奇特“纸气球”。花朵凋零后，雌蕊前半部分2裂，后半部分膨大，变成鱼尾状。冬季，一阵强风吹过，果实包裹着种子，踏上生命中最初也是最后的旅程。

靠风力传播种子

实际大小

花直径约1厘米，5枚花瓣半开，花香怡人。花凋落后，雌蕊纵裂开来（圆图所示），形成鱼尾的形状。

上图为成熟变干的果实，内含1~7粒种子。果实成熟后会裂开一道细缝，但果皮表面有纤细的横纹，因此种子难以从中漏出。强风吹过，果实便带着种子一同飘扬而起。种子长约5毫米，质地坚硬，有光泽。

鼠李科

落叶乔木或稀灌木

北枳椇

Hovenia dulcis

中文俗名：拐枣、鸡爪梨

花期 6月

果期 11月—次年3月

世界上最离奇古怪的水果或许就是北枳椇的果实。其果序轴形似手指，且口感和味道与梨相近，所以在日本又被称为“手指梨”。北枳椇的可食部位不是果实，而是畸形的果序轴。果实在成熟过程中，果序轴变为干果，连同着果短枝一同掉落到地上。

靠动物传播种子

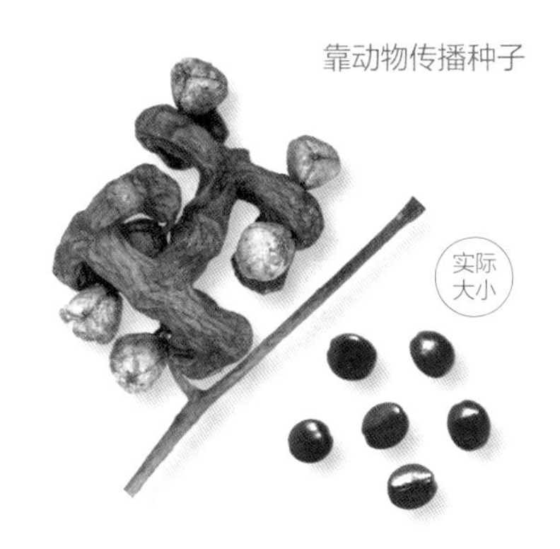

北枳椇的花于夏季开放。白花直径约7毫米，聚集在一起，成片绽放，招引蜜蜂等昆虫前来授粉。

图片为变成干果的果序轴，散发出类似葡萄干的甘香。其顶端着生球形果实，内含3粒坚硬的种子（实为果核）。果实和种子均干枯无味，但可与美味的果序轴一并被吃进貉或貂的肚子里，这就是北枳椇的生存策略。

果序轴会带着整根短枝一同掉落。这样可以有效防止果实被掩埋在落叶下方，从而保持干燥。

青荚叶科　　　　落叶灌木

青荚叶

Helwingia japonica

中文俗名：大叶通草、叶上珠

花期 4—6 月

果期 7—9 月

真奇怪，为何叶片上会生有果实呢？这就是青荚叶，因为这个特征在中国被称为“叶上珠”，在日本又被称为“花筏”，因为载着花朵的叶片就像一艘木筏。它的花柄就生长在叶片的中脉上，所以花朵和果实就长在叶片的中间。青荚叶生长于山林中，因姿态奇特，也常被栽培于庭园。青荚叶为雌雄异株，雌株孕育果实。

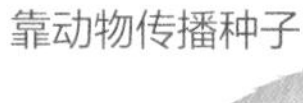

青荚叶之所以造型如此独特，或许是为了吸引鸟类。它的果实略扁平，直径约 9 毫米。历经夏季，迎来秋季，果实成熟变黑，吃起来酸甜多汁，可口美味。种子（实为果核）有 4 粒，长 5 毫米，稍扁，表面有网纹。

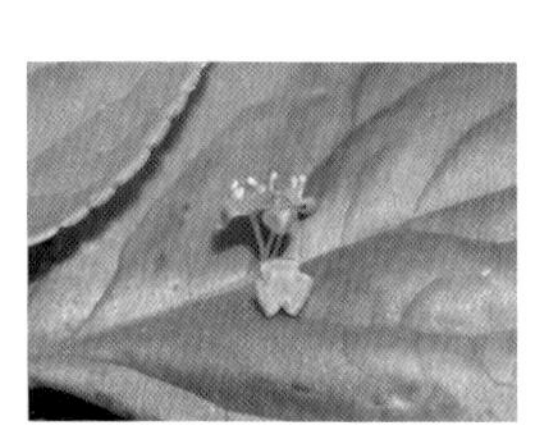

青荚叶的雄花（左）和雌花（右）。雄花数朵聚生，雌花通常单生。仔细观察就会发现，从叶基延伸出的主脉甚至比花柄还粗。青荚叶以前属于山茱萸科，在新分类系统中被归为青荚叶科。

唇形科 **落叶小乔木或灌木**

海州常山

Clerodendrum trichotomum

花期 7—8 月

果期 9—11 月

中文俗名：臭梧桐、香楸

海州常山生长于阳光充足的山中，依靠鸟类传播种子，进而发芽成长。叶片经揉搓，会散发出类似芝麻的浓烈气味。但它在夏天盛开的花朵又具有优雅的香气。到了秋季果期，只见鲜红“五角星”的中央镶嵌着蓝色“宝石”，简直就是美丽的天然胸针。红色和深蓝色这两种颜色形成了鲜明的对比。这样的色彩组合对鸟类有着很强的吸引力，这便是海州常山的生存策略。

靠动物传播种子

实际大小

夏季，白花从浅红色花萼中绽放，散发迷人芳香，直径约 2.5 厘米。雄蕊和雌蕊纤长突出，是为了等待宽翅的蛾和凤蝶前来授粉。

秋季，花萼增厚，变为深红色，展开成直径为 3 厘米的五角星形状。中心为蓝色、闪着光泽的果实，直径 7~10 毫米。捏碎果实，里面会流出蓝色汁液，还能见 1~4 粒种子（实为果核），就像切成 4 瓣的哈密瓜。种子长 5~6 毫米。果实和宿存萼片可用于植物染色。

紫葳科

落叶乔木

梓树

Catalpa ovata

中文俗名：木角豆、河楸

花期 6月

果期 11—12月

梓树是原产于中国的药用植物，常栽培作庭荫树及行道树，也作工矿区及农村四旁绿化树种。梓树为速生树种，叶片硕大，在幼株发育阶段就能结果。细长的果实形似豆科的豇豆，故又名“木角豆”。果实内部紧密排列着扁平的种子。种子两端各有一束毛，既不是种翅也不是冠毛，难以定义。得益于束毛的存在，种子能随风传播。

梓树的花于初夏开放。单花直径约2厘米，呈浅黄色，内侧具黄紫色花纹，聚生为大型顶生圆锥花序。

果实宽5毫米，长30~40厘米，数根至数十根地聚集成串垂挂在枝上。果实成熟时2裂，其内部叠在一起的扁平种子便会随风散去。种子主体长8~13毫米，两端有束毛，整体形如螃蟹。紫葳科中有一些植物的种子两端无束毛，但生有薄薄的种翅，可以像滑翔机般在空中飞行。

荚蒾科 落叶灌木

荚蒾

Viburnum dilatatum

中文俗名：糯米树

花期 5—6 月

果期 9—11 月

荚蒾是生长在杂木林中的灌木。它的果实虽味酸，但可食，经霜打后甜味更浓。它依靠鸟类采食传播种子，因其果肉内含有抑制发芽的物质，所以只有待表层果肉被鸟类完全消化后，种子方可发芽。若种子可直接发芽，那么当它掉落到母株下方，就会引发不利于种群繁衍的种间竞争。

果实长 6~8 毫米，呈水滴状，略扁平。内含 1 粒坚硬的种子（实为果核），稍扁，分背腹两面，一面有 1 条沟痕，另一面有 2 条沟痕。

荚蒾的花于初夏盛开。白色小花密生，组成 6~10 厘米的圆盘状花序。花气味独特，似尿骚味，可吸引昆虫。

果实之间偶见直径约 1 厘米的绿色神秘毛球。这其实是虫瘿，由荚蒾伪安瘿蚊的幼虫寄生于幼果而成。

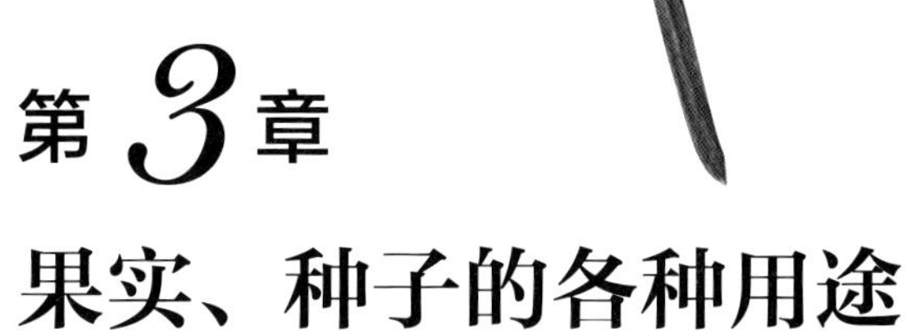

第3章 果实、种子的各种用途

1 用树木的果实 染色

为布和纸上色

植物染色

用海州常山的蓝果染出漂亮的淡蓝色

【准备材料】

⊙去除花萼、清洗干净的果实（重量约为布料重量的两倍）

⊙白丝巾

【制作方法】

①加沸水浸没果实，小火煮约 20 分钟

②用布过滤①的汁水，注意别把果实弄碎，将丝巾浸入汁水中

③关火，静置 2~3 小时

④用清水冲洗丝巾，晾干后就完成了

柿染。将未成熟的青绿色柿果捣碎，制成柿漆。过去人们还曾将柿漆当作防水涂料。

将日本桤木的果穗和山茶枝燃烧后所产生的灰作为染料。

经植物染色的丝巾。从左到右依次使用茜草根、板栗皮、小叶青冈的橡子、蓼蓝叶、胡桃楸的果实、日本桤木的果穗、海州常山的果实染制而成。

为食品上色
食用色素

辣椒红色素

从菜椒和辣椒中提取的红色素，用于制作罐头食品、糕点等。

栀子黄色素

从栀子果实中提取的黄色素，可用于制作腌萝卜、日式糕点等。上方右图为干果。

红木色素

从红木种子中提取的红色素，用于制作香肠、调味酱、糕点等。

葡萄皮红色素

从葡萄皮中提取的紫红色素，用于制作饮料、糖果、果酱等。

食用色素可以让食品看起来更美味。食品包装上除原料外，也会标明食用色素等食品添加剂，大家可以关注一下。图中所有食品均使用了栀子黄色素。

2 果实、种子的制品

来找寻我们生活中常用的果实和种子吧!

油

⊙果实和种子在体内贮藏油脂，作新芽成长的能量来源，也供鸟类和动物食用。人们压榨果实和种子以获取油脂，用于制作食用油、化妆品和药物等产品。

木樨榄

原产于地中海沿岸地区。从果肉中提取的橄榄油芳香四溢，为意大利料理不可或缺的调味料。

山茶

分布于中国、日本、朝鲜。从其带硬壳的种子中榨取的山茶油可用于制作护发产品和化妆品。

芝麻

原产于印度，在汉朝通过丝绸之路传入中国。种子可食，亦可榨油，是烹饪常用的配料。

油菜花

种子可提取食用油（菜籽油），最近也被用作生物燃料。

蜡

⊙蜡也属于一种油脂，在常温下呈固态。植物蜡可用于制作蜡烛、药膏和发蜡等。

蜡烛

图上为用野漆的蜡制成的日式传统手工蜡烛。

野漆

果肉含蜡。可通过蒸煮提取蜡质。

乌桕

种子表面覆有一层厚厚的蜡。过去人们曾从它身上提取蜡质。

药

⊙自古代起，人类就会利用植物的萃取成分制药。

⊙除传统中药和保健食品外，植物近年亦被应用于生产高科技药物，备受瞩目。

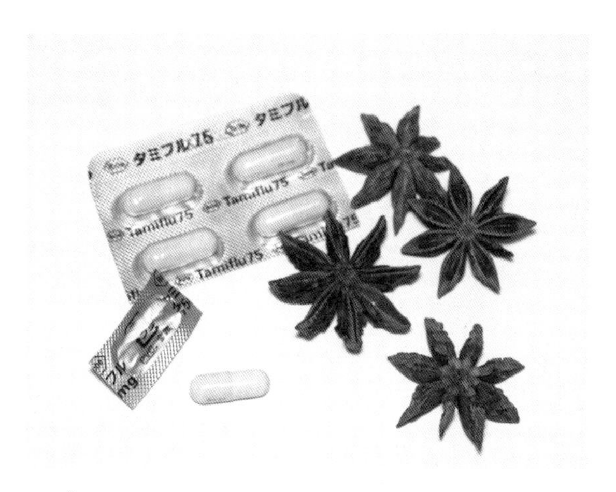

八角

八角的果实具有独特的香味，常作中国菜的烹饪香料。同时也是抗流感药物达菲的原材料之一。

枸杞

干果可用于制作中药，亦作烹饪用，还可作酸奶配料。被认为具有滋补养生、抗衰老等功效。

枣

生吃时味同苹果。干枣常用于制作糕点和药膳。具有抗衰老和镇静安神的作用。其种子亦可入药。

葛枣猕猴桃（木天蓼）的虫瘿

长在葛枣猕猴桃花蕾上的虫瘿。据说用它泡的酒具有滋补养生、改善畏寒体质的功效。

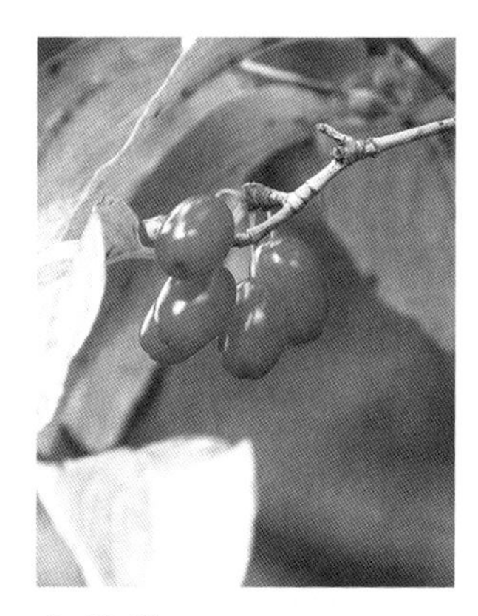

山茱萸

红色果实于秋季成熟，酸甜可口，略带苦涩。果肉晒干后可制成中药，煎煮服用可治疗眩晕耳鸣。

梅

腌梅干是日本特有的保健食品。将即将成熟的青绿色果实腌渍晒干，即可制成腌梅干。在中国，熏制过的黑果可入药。

3 用果实、种子玩游戏

用各种各样的种子玩游戏！

麦冬

剥开麦冬种子的蓝色外皮，取出里面的白色胚乳，然后朝地上一扔，咚！它就会弹得很高！

荠菜

逐一向下轻折果柄，注意不要折断，然后将果序轴拿到耳边摇一摇，就能听到轻微的沙沙声。

垂序商陆

揉碎垂序商陆的果实，制作水彩颜料吧。可以获得漂亮的紫红色颜料哟！

粘在身上

漫步于山间，衣物便会粘上“黏人精”。
用放大镜观察，它尖锐的刺和钩能把你吓一跳！

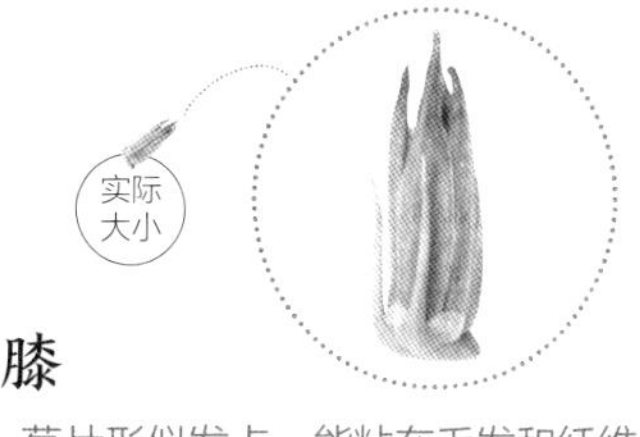

牛膝

苞片形似发卡，能粘在毛发和纤维上。

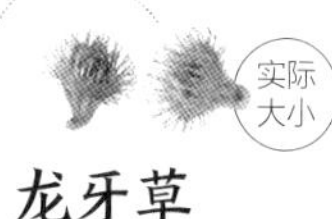

龙牙草

圆锥形的果实下面长着由多层钩刺组成的“裙摆”。

鬼针草

果实顶端的芒刺带有倒刺，可发挥钩子的作用。

透骨草

果萼的 3 枚萼齿顶端弯曲呈钩刺状。

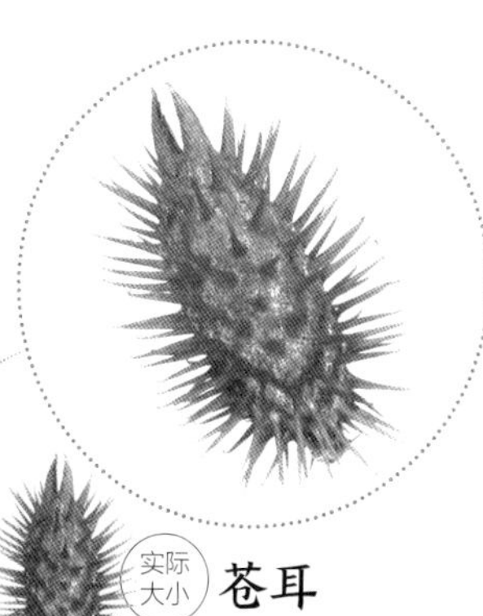

狼耙草

果实的 2 枚芒刺上满布细小倒刺。

苍耳

果实有锐利的钩刺，能附着于其他物体，可以扔着玩。

金线草

宿存的雌蕊花柱呈钩刺状，可附着于衣物。

日本路边青

聚合果散开后，小果实利用精巧的钩刺附着于其他物体。

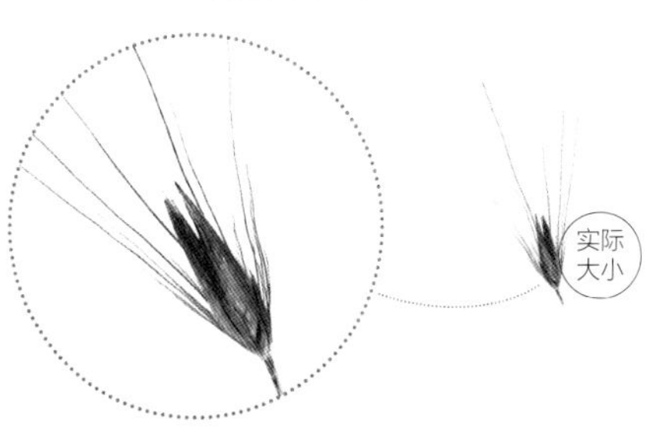

狼尾草

小穗基部的轴上有倒生毛，附着力强。

4 收集 果实、种子

形态各异的种子恰好适合收藏！

① 捡起来

⊙发现种子的话就捡起来吧。拿在手上，抛一抛，摸一摸。挑选几种带回家，丰富你的收藏吧。连同叶子一起收集，更方便对照图鉴查找植物名。

② 带回家

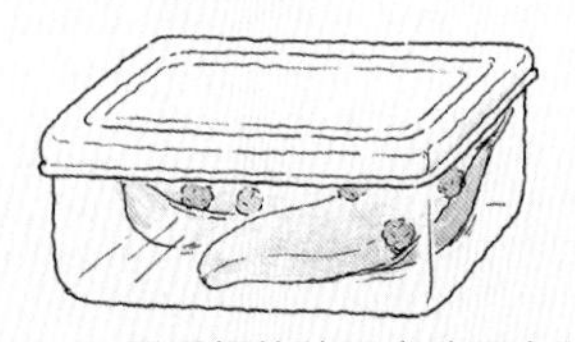

易受损的种子应选用小型密封盒装运。可在盒中垫入纸巾和落叶，起到缓冲作用。

如果把太多种子装进塑料袋，很容易把种子弄破。

⊙寻找种子时记得带上密封盒。塑料袋虽便利，但容易导致种子受损，记得要小心。最好准备几个不同尺寸的密封盒，例如保鲜盒。

③ 回家后……

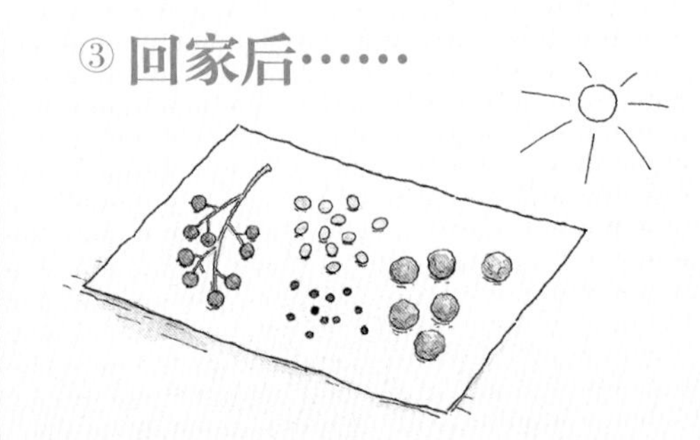

⊙整理收集的种子。将需干燥保存的种子从袋子或盒中取出，平铺晾干。若放任不管，种子恐怕会发霉腐烂。

⊙对于依靠鸟类传播的种子，应在晾晒前将其从果肉中取出来。

④ 回家后……以橡子为例

象甲的幼虫

⊙橡子的处理手法是水煮或冷冻干燥。因橡子中常寄生有象甲幼虫，若不处理，它们就会从橡子里钻孔而出。反之，若要用橡子培育树木，则不能晾晒，而是将其洗净装袋，放入冰箱保存到春季再播种。

⑤ 收藏

⊙待种子完全干燥便可制作标本。根据种类将标本封入袋子或容器中，标明植物名称、采集日期和采集地点。

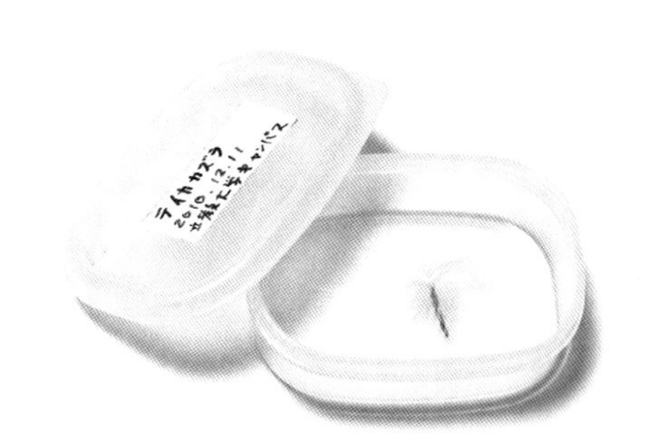

易损坏的种子应保存于密封盒中。

标本袋需与驱虫剂、干燥剂一同保存于密封盒或自封袋中。

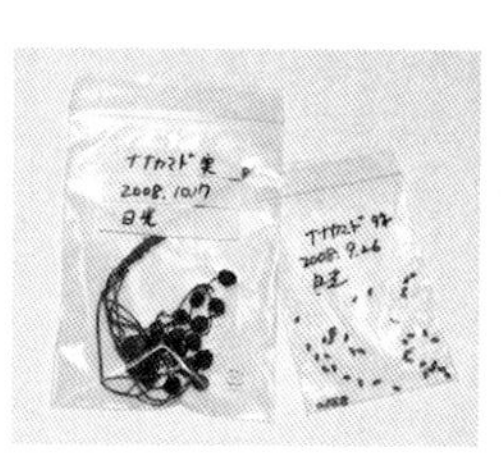

收集摆放，打造迷你博物馆

取出精心收集的果实、种子，陈列在空盒中，看起来就像博物馆的展示柜。

这就是我的“迷你博物馆”。

除了能体验收集的乐趣，还可以随时拿起这些果实或种子反复观察，试验它们的飞行效果，对比它们的特征，重温一下知识。

如何？来试一试吧！这种跃跃欲试的心情，正是打开科学世界大门的钥匙。

5 感受果实、种子的香气

日本木瓜的果实和果酱

【制作果酱】

⊙日本木瓜、皱皮木瓜和木瓜的熟果具有诱人的香气。虽不能生食，但可用于熬制美味的果酱。

⊙秋季，当果实散发出甜美的香气时，就采摘来制作果酱吧。

制作方法

①去皮，去核，切成小块。
②加水浸没果肉，煮至软烂。
③加入与果肉同等重量的砂糖。
④煮至黏稠即可。

飘香的果实、种子

啤酒花的果穗和种子。未成熟的果穗散发出清爽的香味和苦味，可供制啤酒用。

日本木瓜的果实。将其置于桌上，便可闻到香味。亦可用于制作果酱和果酒。

酸橙的果实。它与香橙一样，果汁和外皮可用来做菜，增添食材的香味和酸味。

将松树或柳杉的幼嫩球果置于房间，就能感受到森林的芬芳。图片为火炬松的球果。

海滨植物单叶蔓荆的果实。它具有类似迷迭香的香味。可作香氛原料。

日本花椒的果实。果皮具有辛辣味，可制成香料，搭配多种食材。

6 美味的坚果

坚果富含油脂，营养价值高，易于保存。

无论是直接食用，还是制成糕点、面包和菜肴，都很美味。

由扁桃仁、开心果、核桃和无花果干等各类坚果制成的土耳其糕点。

腰果为漆树科植物，原产于巴西。在树上，果实与膨大的果柄相连，食用时需敲碎外壳。果柄成熟时为红色，甘甜可食，味同苹果。

扁桃（巴旦木）的硬壳（左）和内部的果仁（右）。其花似樱花，果似梅子。

澳洲坚果（夏威夷果）的果实（左）、带硬壳的种子（中）和果仁（右）。原产于澳大利亚。

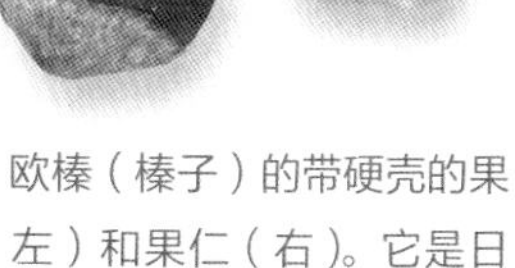

欧榛（榛子）的带硬壳的果实（左）和果仁（右）。它是日本榛的近缘种，坚果可用于制作糕点等。

落花生（花生）的带壳果实（最左）和果仁。它是原产于南美的豆科草本植物，果实在地下发育生长。

美国山核桃（碧根果）的带壳果实（最左）和果仁。它为胡桃科植物，形如薄壳的核桃，原产于北美。

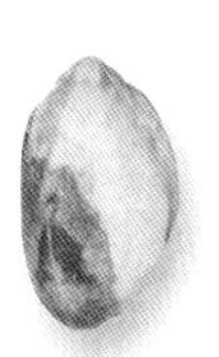

阿月浑子（开心果）的带壳果实（左）和果仁（右）。这是一种地中海原产的漆树科植物，剥开外壳就可以吃到绿色的果仁。

7 世界各地的果实、种子

在这个世界上，奇特的种子可不少！

让我们来一探究竟吧。

线毛山核桃

胡桃科坚果。依靠老鼠和松鼠传播种子。果核直径为 3 厘米。

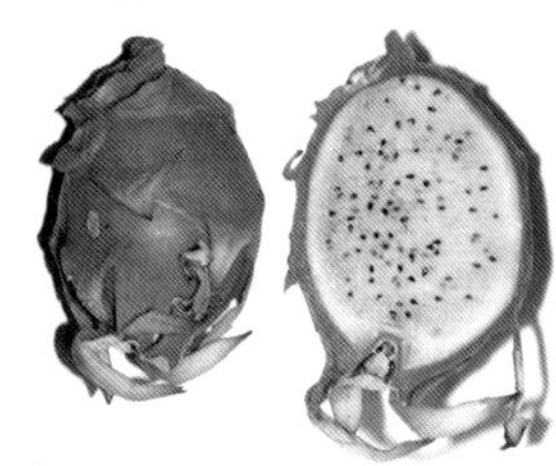

火龙果

仙人掌科植物，红果甘甜。依靠果蝠的采食传播种子。直径 10~15 厘米。

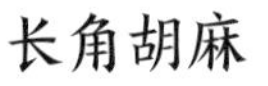

长角胡麻

别名“恶魔之爪”。果实具有 5~7 厘米的巨大钩刺，可扎进动物腿部，从而实现种子的传播。

蜡烛树

黄果像蜡烛，具芳香，垂生。果实最长可达 120 厘米。

斑克木

聚花果硕大。果实在遭遇山火时会张开，将种子散播出去。长度约 10 厘米。

桉树家族

澳大利亚的本土植物，种类多达 500 种，果实形状各异，大小不一。

夏栎

欧洲森林的代表树种，可育成树龄超过 1000 年的大树。橡子长约 3 厘米。

榼藤

巨大的豆荚长达 1 米，自然分解成小节，漂洋过海，在遥远的海滩着陆。广泛分布于从非洲至亚洲的热带和亚热带地区。

香苹婆

硕大的红果开裂，露出黑色的种子。单果长 7~10 厘米。

海椰子

世界上最大的种子。最大的个体直径达 30 厘米，重量达 20 千克。

龙脑香家族

以热带丛林为生境的巨大树木。果实生有薄翅，可实现旋转飞行。加上薄翅长度为 10~20 厘米。

海檬树

种子（实为果核）直径 10 厘米。可随海浪漂流至数千千米之外。

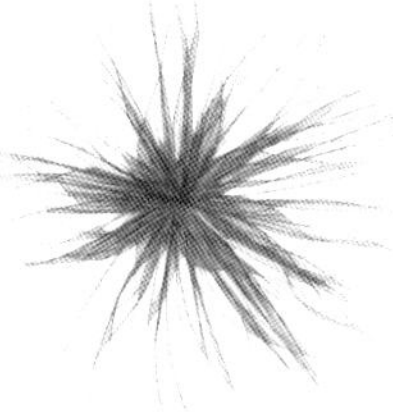

老鼠艻

生长于亚热带的沙滩，果序直径为 30 厘米，随风滚动，散播种子。

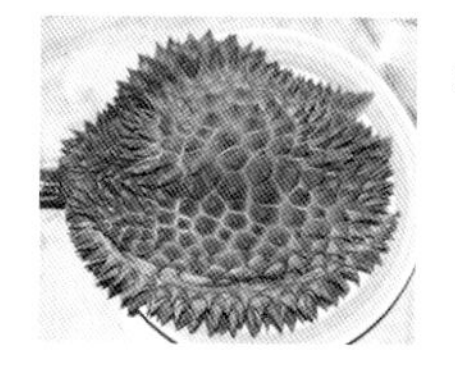

榴梿

味美但散发臭味。在森林中供猩猩食用。直径 20 厘米。

翅葫芦

生长于热带雨林的藤本植物。种翅宽约 15 厘米。种子能飞至 100 米高空。

后 记

无法移动的植物会以种子的形态旅行。母株赋予种子充足的营养之后，就会让它踏上旅程。有时会将它装入名为“果实”的容器，或为它装上翅膀，或赋予它漂浮能力，有时还为它包裹上漂亮的果皮和美味的果肉。之后，种子时而借助风和水的力量，时而引诱动物采食，采取各种方式远离母株，去往新天地。

本书介绍了路旁、公园里的常见植物和近郊山林里的野生植物，便于读者实际接触和观察。大家可以以书中的图片为参照，大胆探索植物的世界。我本人收集到种子和果实时，会兴高采烈地为它们拍照、切开它们研究内部结构、观察它们的飞行方式、数一下它们的数量、测量它们的长度和直径等（本书中的大部分数据源自我自己的测量及经验）。亲眼所见、亲身体验，这是踏入科学世界的第一步。希望大家在享受实践乐趣的同时，能够用心观察植物巧妙的形态结构和奇特的生理机制，也请别错过植物开花后的变化和种子们的冒险之旅。

最后，我衷心感谢为本书提供有趣插图的江口明美女士，反复拍摄板栗和樱桃等果实剖面的北村治先生，文一综合出版社的志水谦祐先生，日本科学技术振兴机构（JST）主办的期刊《科学之窗》的佐藤年绪先生，日本《小原流插花》杂志的上田佐津子女士，《大志》杂志的水越洋子女士，以及福音馆书店、山与溪谷社和 g-Grape 股份有限公司的合作伙伴们（排名不分先后），正因为有你们付诸的实际行动或给予的精神支持，本书才能得以完成。

作者 多田多惠子

著译者简介

著者 | 多田多惠子

出生于日本东京，东京大学理学博士。目前担任立教大学、东京农工大学等大学的讲师。致力于研究植物的生存策略及其与昆虫、动物的关系。

著作包括《花朵的秘密生活》(上下)《小学馆大百科：花的世界》《奇妙图书馆·种子图鉴》《旅行的种子图鉴》等。

译者 | 吴巧雪

日本千叶大学环境园艺学专业硕士毕业。译有《落叶观察手册》《生命的故事》《打动人心的现代日式风格设计》等作品。

图书在版编目（CIP）数据

果实种子观察手册 / (日) 多田多惠子著 ; 吴巧雪译 . -- 北京 : 北京时代华文书局 , 2024.9. -- ISBN 978-7-5699-5720-4

Ⅰ .Q944.59-62

中国国家版本馆 CIP 数据核字第 2024ZD4261 号

北京市版权局著作权合同登记号 图字：01-2024-1321

GUOSHI ZHONGZI GUANCHA SHOUCE

出 版 人：陈　涛

策划编辑：邢　楠

责任编辑：邢　楠

执行编辑：洪丹琦

责任校对：陈冬梅

装帧设计：程　慧　孙丽莉

责任印制：刘　银　訾　敬

出版发行：北京时代华文书局 http://www.bjsdsj.com.cn

北京市东城区安定门外大街 138 号皇城国际大厦 A 座 8 层

邮编：100011　电话：010-64263661　64261528

印　　刷：三河市嘉科万达彩色印刷有限公司

开　　本：710 mm×1000 mm　1/16　　成品尺寸：170 mm×240 mm

印　　张：11.5　　字　　数：172 千字

版　　次：2024 年 9 月第 1 版　　印　　次：2024 年 9 月第 1 次印刷

定　　价：88.00 元

亲 眼 所 见、 亲 身 体 验， 这 是 踏 入 科 学 世 界 的 第 一 步。